Kustantaja: BoD – Books on Demand, Helsinki, Suomi
Valmistaja: BoD – Books on Demand, Norderstedt, Saksa
ISBN: 978-952-80-0739-5

KATJA PIIROINEN
LEMMIKKINI KANI
-ELÄMÄÄ KANIN KANSSA, KANIROTUJA JA NIIDEN KASVATUS

Kuvat: Jane Huhta

Alkusanat

Kani on Suomessa yksi yleisimmistä lemmikkieläimistä ja usein juuri kani on lapsen ensimmäinen lemmikki. Kuitenkin kaneista on harmittavan vähän kirjallisuutta ja tietoa saatavilla, joten toivon että kirja löytää paikkansa kanien ystävien keskuudesta. Usein ei edes tiedetä kuinka paljon eri kanirotuja Suomesta löytyy ja siitä mikä rotu on paras lemmikki mihinkin tarkoitukseen. Aina se pienin kani ei ole luonteensa puolesta helpoin lemmikki lapselle, joten olisi hyvä tutustua rotuihin lisää.

Monet eivät myöskään ole ajatelleet, että myös kanien kanssa voi harrastaa. Kotioloissa voi kokeilla opettaa kanille temppuja ja sille on hyvä rakentaa erilaisia leluja ja virikkeitä. Kani ei ole onnellinen häkkieläimenä vaan se tarvitsee tilaa ja seuraa. Kaneille järjestetään ympäri Suomen näyttelyitä sekä estekisoja, joita tässäkin kirjassa käydään hieman läpi.

Tervetuloa siis kanien maailmaan!

19.8.2019 Liperissä Katja Piiroinen

Sisällys

SUOMESSA OLEVIA KANIROTUJA

Poikkeavaturkkiset rodut

Kanien kasvatus

Kanin historiaa

Lemmikkikanit periytyvät villikaneista ja lemmikkikanin käyttäytyminen on periytynyt niiltä. Monesti luullaan, että jänikset ja kanit voisivat lisääntyä keskenään, mutta näin ei asiat ole. Kanit ovat alun alkujaan kesytetty ruoaksi ja niitä on kasvatettu lihan ja karvan vuoksi. Sodan aikaan, kun Suomessa oli lihatilanne huono rehutilanteen aiheuttaman pakkoteurastuksen vuoksi, muistettiin jälleen kani ja niiden arvo lihatuotannossa. Tällöin kanien kasvatuksen ehtona oli, ettei naaraita saanut teurastaa vuosina 1941-1942. Kanien lihatuotanto oli yksi merkittävä ruoan saanti sota-aikaan. Myöhäisemmässä vaiheessa, kun lihatuotanto keskittyi nautatalouteen, jalostus lähti suuntautumaan eri suuntiin ja eri rodut ovat syntyneet eri käyttötarkoituksiin

Kanin käyttö nykyään

Nykyään kani on pääsääntöisesti lemmikki. Sen kanssa touhutaan lähinnä kotona ja usein kani on perheen lasten ensimmäinen lemmikki. Tiedon myötä kanien kanssa harrastetaan nykyään myös enemmän kodin ulkopuolella joten rodut ja kanit valitaan sen myötä. Kanien kanssa voi tänä päivänä harrastaa virallisesti estehyppyä sekä kaninäyttelyitä, mutta muu harrastaminen on vain mielikuvituksesta kiinni. Kanin käytöstä puhuttaessa ei kuitenkaan sovi edelleenkään unohtaa tuotantokaneja, joita edelleen jonkin verran on lihantuotannossa, sekä villan- ja nahkatuotannossa. Tällä hetkellä kuitenkin määrät on pieniä ja usein tuotanto tulee vain kasvattajan omaan käyttöön.

Itselläni ei ollut mitään muuta erityistä tarkoitusta kuin saada kani lemmikiksi. Ostopäätöstä tehdessäni mietin kuitenkin, että sopiiko kyseinen eläin mahdollisesti esteille tai näyttelyihin. Olen huomannut, että eivät ne sellaiset valinnat aina nappiin mene. Aina ei juuri siitä kanista tule estekania tai näyttelykania, josta on itse ajatellut. Leijonalupastani piti tulla näyttelykani, mutta vasta viikkoja sen jälkeen kun se oli muuttanut meille, todettiin että sen väri ei ole sama miltä se poikasena näytti. Nykyinen luonnonisabella väritys ei käy näyttelyissä. Sen sijaan siitä tulikin mainio estekani ja maailman paras lemmikki, se on minulle kaikki kaikessa. Kääpiöjäniksestäni piti tulla estepupu, mutta ainakaan vielä se ei loista esteillä, ehkäpä siitä onkin sitten enemmän kapasiteettia näyttelyihin.
Sanna

Kiinnostuin angoroista, sillä ne ovat kauniita ja rauhallisia. Niistä saa villaa ja tykkään neuloa sekä virkata. Villa on ihanan lämmintä ja sitä on hyvä huovuttaa
Vilma

En ollut tiennytkään näyttelyistä, kaniestehypystä tai mistään mitä kanien kanssa voisi harrastaa, kun hankin ensimmäisen kanini. Seuraava tuli sitten kun olin oppinut asioista enemmän lähinnä jalostukseen ja näyttelyihin.
Minttu

Kanin käyttäytymisestä

Kaneista puhuttaessa tulee muistaa, että kanit ovat saaliseläimiä ja osa niiden käyttäytymisestä pohjautuu tähän vanhaan toimintamalliin. Kani pakenee kun sitä pelottaa, näin ollen sen kanssa tulisi käyttäytyä rauhallisesti, ilman suuria ja äkkinäisiä liikkeitä.

Jäniksen ja kanin eroista voi ensimmäiseksi kertoa poikasista: jäniksen poikaset syntyvät karvallisina ja silmät avoinna valmiina säntäämään vaaran uhatessa pakoon, kun taas kanin poikaset syntyvät rakennettuun pesään avuttomina, karvattomina ja silmät kiinni. Yksi jäniseläinten erikoisuus on niiden kyky käyttää osa ravinnostaan kahteen kertaan. Kaniinit ulostavat kahdentyyppisiä ulosteita, pehmeitä umpisuolipapanoita, joista ne saavat elintärkeitä B-vitamiineja sekä kovia papanoita. Näin ollen näitä B-vitamiini papanoiden syömistä ei tule ihmetellä, sillä se on aivan normaalia.

Tuotantokanit

Myös Suomessa nykyäänkin on pienimuotoista liha- ja turkis- sekä villantuotanto kanien kasvatusta. Tästä puhutaan harvoin, mutta tuotantokanit ovat tärkeä osa kanien kasvatusta ja jalostamista. Monesti lihatuotannossa käytetään suurien rotukanien risteytyksiä ja villantuotannossa oikeastaan ainoastaan angorakania. Kaneja voidaan kasvattaa myös turkisten vuoksi.

Kani lemmikkinä

Kanit ovat pieniä ja pörröisiä lemmikkejä, joita on mukava silitellä ja niiden touhuja on mukava seurata. Niiden hankinta hinta ei ole mikään todella suuri, mutta kania hankkiessa tulisi muistaa, että sitoudut tuohon lemmikkiin jopa 10 vuodeksi. Kania ei tulisi hankkia pelkästään lapselle lemmikiksi vaan aina lemmikin hoidon päävastuu on vanhemmalla. Kanin hoito voi kuitenkin opettaa lapselle vastuuta.

Monelle kani saattaa tulla lemmikiksi ensin "vahingossa". Tuttava tai sukulainen ei haluakkaan pitää kaniaan enää ja se joutuu lopetusuhan alle ja päätyy jollekin toiselle.

Tästä syystä lemmikin ottamista kannattaa aina harkita. Kuinka toimitaan sitten jos lapset eivät enää haluakaan tai ehdi hoitaa lemmikkiään. Kuka eläimen hoitaa tällöin?

Isä osti 60 luvulla ensimmäiset kanit, siksi että olisimme syöneet niitä. Mutta me lapset ei sitten syöneet. Aikuisena omassa elämässä ensimmäinen kani tuli veljeltä, joka olisi lopettanut sen, jos en olisi ottanut sitä. Sitten kun muutin maatilalle asumaan, ovat kanit kuulunet vakiokalustoon. Vasta omien lasten kasvaessa ostin kääpiörotuja sisällä pidettäviksi. Näin lapsilla olisi sellainen lemmikki kuten koira tai kissa.
Päivi

Innostuin kaneista, kun kaverillani oli kaksi kania. Tutustuin heillä kaneihin ja niiden hoitoon. Huomasin kanien olevan hauskoja ja seurallisia kavereita. Näin päädyin kanin omistajaksi.
Emmi

Kanin hankinta

Mitä tulisi miettiä ennen kanin hankintaa? Täytyy aina muistaa, että kyse on elävästä eläimestä, joka vaati hoitoa ja huolenpitoa jopa 10 vuoden ajan.

Kanit antavat paljon, mutta myös ottavat. Valmistaudu päiviin jolloin menetät hermosi täysin, kuten myös päiviin jolloin kanille jaksaa puhella ja touhuta sen kanssa monta tuntia. Olethan tarkkana mistä kanin hankit, jotta saat itsellesi mahdollisimman mukavan lemmikin, jonka ansaitset.
Siiri

Ennen kun hankkii kanin, pitää miettiä pystyykö hoitamaan sen ja täytyy myös katsoa tulevaisuuteen, mitä tulevaisuuden suunnitelmia on ja sopiiko kani niihin. Kun on päätöksen tehnyt, kannattaa kani ostaa kasvattajalta tai luotettavalta myyjältä, ei mielellään eläinkaupasta. Eläinkauppojen kanien suvusta ei tiedä mitään ja ne ovat useasti todella säikkyjä.
Maija

Kaneista kiinnostuneen kannattaa ottaa yhteyttä kaniyhdistykseen josta osataan neuvoa hankinnassa sekä kierrellä kaninäyttelyissä ja estehyppykilpailuissa joissa pääsee näkemään kanien laajaa kirjoa.
Ota aikaa, tutustu kasvattajiin ja kani hyvältä ja vastuuntuntoiselta kanikasvattajalta. En myöskään pitäisi huonona vaihtoehtona ottamaan kani paikallisesta löytöeläintalosta(si) joissa kodittomia kaneja on todennäköisesti aina tarjolla.
Heidi

Kun perhe on päättänyt kanin hankinnasta, tulisi seuraavaksi miettiä millaista kania haluaa. Kanejakin on monenlaisia ja monen kokoisia. Risteytyksiä ja puhdasrotuisia, kaikki varmasti mukavia lemmikkejä jos vain pääsee oikeanlaiseen perheeseen. Kannattaa myös miettiä haluaako kanien kanssa harrastaa jotakin. Risteytyksiä voi saada hyvinkin edullisesti, jopa ilmaiseksi, mutta ota huomioon joitain seikkoja joihin kiinnität huomiota ennen valintaasi. Mitä rotuja risteytyksessä on? Ovatko vanhemmat ja esivanhemmat varmasti sellaista rotua, johon olet varautunut. Tällä tiedolla voi edes vähän ennakoida, esimerkiksi minkä kokoinen kanista tulee aikuisena, muuten voi tulla yllätyksenä, ettei kanille ostettu häkki olekaan sopivan kokoinen isona. Sillä joskus risteytykset voivat kasvaa jopa 5 kilon painoiseksi. Toinen asia mitä kannattaa katsoa on se, missä kanit asustavat. Asuuko iso lauma kaneja samassa tilassa kuten navetassa. Jos kaikki ovat samassa tilassa, ei voida varmaksi sanoa kuka on emä ja kuka isä ja syntyy mahdollisuus liian läheisiin sukusiitoksiin*. (kuten isä astunut tyttärensä tms.) Korkeat sukusiitokset voivat aiheuttaa epämuodostumisia tai tautien periytymistä.

Suomessa on rotukaneja tällä hetkellä kymmeniä eri rotuja. Näistä roduista löytyy montaa eri kokoa ja monia eri ruumiinrakenteen omaavia kaneja. Myös luonteet voivat poiketa eri roduilla, vaikka luonne usein onkin yksilöllistä. Hankinta hinta puhdasrotuiselle saattaa olla hieman suurempi kuin risteytyksellä, mutta voit olla varmempi kanisi alkuperästä ja siitä minkä kokoiseksi kanisi kasvaa. Kasvattajia eri roduilla löytyy ympäri Suomea ja viralliset kasvattajat löytyvät eri kaniyhdistyksien sivuilta. Puhdasrotuiset kanit saavat kasvattajilta sukupaperit, josta selviää kanin sukulaiset, väri ja muut tarvittavat tiedot. Usein sekoitetaan kanin sukupaperit kanin rekisteröimiseen. Kani siis saa kasvattajalta sukupaperit ja kanin voi rekisteröidä kaninäyttelyissä, niiden saamien ulkomuotoluokka pisteiden mukaan. Eläinkaupoissa on monesti myynnissä myös puhdasrotuisia kaneja, joskus niille saattaa jopa saada sukupaperit mukaan. Kannattaa kuitenkin ottaa selvää etukäteen roduista, sillä aina kaikissa eläinkaupoissa ei ole rotu tuntemusta tai kaneille on laitettu mitä oudoimpia rotuja. Kääpiökani kun ei itsessään ole mikään rotu. Eläinkauppojen kanit eivät myöskään usein ole täysin käsiteltyjä ja kanit saattavat olla hyvinkin arkoja.

Sukutaulussa näyy kasvattajan tiedot, kanin ja sen sisarusten värit, tatuoinnit sekä esivanhempien tiedot.

Ensimmäinen tuli eläinliikkeestä, muut ovat kasvattajilta.
Olen päättänyt etten kannata eläinliikkeiden eläinmyyntiä
ostamalla niistä lemmikkejä enää, mutta luulen että tulen
vielä joskus pettämään sen lupaukseni, jos vastaan tuleekin
jokin ihana pupu- tai hamsteritapaus.
Sanna

Kasvattajilta olen kaikki nykyiset kanit ostanut.
Minulle on jäänyt hoitokanit asumaan kahdesti.
Tärkein asia kanin hankinnassa mielestäni se,
että kanin tulisi olla kesy, oikeasti pidetty sylissä
pienestä pitäen. Miten paljon enemmän kanista
saa itselle, kun se on kesy. Kesyn kanin kanssa
tulee seurusteltua enemmän. Aina kaksi kania
olisi inhimillisintä ostaa kerralla. Ilmaiseksikin saa
monta kertaa ihania kaneja.
Päivi

Alussa ostin kaneja, ne tulivat kasvattajilta ja
luotettavilta myyjiltä. Nykyjään meillä on omia
kasvattejamme suurin osa kanilastamme.
Maija

19

Uros vai naaras, yksi vai kaksi?

Kun olette päättäneet rodusta, tulee pohtia hankkiiko uroksen vai naaraan. Sukupuolten välillä on paljon yksilöllisiä eroja, mutta joitain yleisluonteisia eroja voidaan mainita. Nämäkään erot eivät ole aina yhtä selviä. Urokset saattavat merkkailla pissalla reviiriään ja esittää "kosiotanssiaan" myös omistajansa ympärillä. Yleensä uroksen kastraation myötä merkkailu häviää ja uroksesta tulee leppoisa ja ystävällinen. Tällöin urokselle voi ottaa naaraan tulevaisuudessa kaveriksi.Naaraat saattavat usein olla häkistään reviiritietoisia ja puolustaa häkkiään voimakkaasti. Naaraille voi tulla myös valeraskauksia, jolloin se rakentaa pesää ja nyhtää karvojaan.

Tämä käytös on hyvin yksilöllistä ja rotukohtaista. Yleinen käsitys sukupuolieroista ei kuitenkaan tarkoita sitä, että jokainen naaras tai uros käyttäytyisi kuten sen oletetaan käyttäytyvän.

Kanit pärjäävät hyvin yksinkin, kunhan omistajalla riittää aikaa touhuta sen kanssa. Jos kuitenkin haluat kaksi kania, niin paras vaihtoehto on leikattu uros ja naaras. Kaksi naarasta, jotka ovat samasta poikueesta saattavat myös tulla toimeen yhdessä. Kaksi urosta tappelee lähes poikkeuksetta, vaikka ne olisivatkin samasta poikueesta. Eli älä koskaan ota kahta urosta samaan häkkiin! Myös kaksi naarasta eri poikueesta voivat tapella keskenään. Aina kannattaa kuitenkin muistaa jokaisen eläimen yksilöllisyys, kaikki eivät toimi saman kaavan mukaan. Varaudu siihen, että joskus saatat joutua kanit erottamaan toisistaan eri häkkeihin   Kuvat: Sanni Siren

tyttö

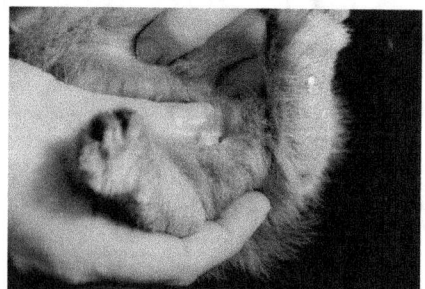
poika

Valmistautuminen kanin tuloon

Päätettyäsi kanin hankinnasta sekä siitä tuleeko kotiinne risteytyskani vai puhdasrotuinen, on mietittävä missä kanisi asuu. Osaa kaneista voi pitää kylmissä ja viileissä tiloissa kunhan muistaa, että ulkona olevan häkin tulisi olla mahdollisimman vedoton ja kanilla tulee olla mahdollisuus päästä auringolta suojaan. Kanit kasvattavat talvikarvan siinä missä muutkin viileissä tiloissa elävät eläimet. Juomaveden tulee pysyä myös sulana talvellakin. Isoja rotuja usein pidetään navetoissa ja talleissa. Olipa kani viileässä tai sisällä, niille tulisi hankkia mahdollisimman suuri häkki, yleisesti ottaen mitä suurempi sen parempi. Eläinsuojelulaki on kuitenkin määrännyt äärimmäiset alarajat. Kanin tulisi päästä jaloittelemaan päivittäin suuremmalle alalle, joten sisätiloissa kannattaa tarkastaa lattiatasolla olevat vaaranpaikat, kuten sähköjohdot tai esineet jotka kani saattaa kaataa tai purra rikki. Nykyään iso osa kaneista elää vapaana koko kodissa tai omassa huoneessaan, jolloin se pääsee mukaan koko perheen elämään.

Häkin lisäksi ennen kanin tuloa tulisi hankkia myös ruokakupit. Ruokakupeista paras taitaa olla keraaminen ruokakuppi, jota kani ei pysty viskomaan. Monella kanilla kun on tapana tuo kuppien heittely. Myös juomapullo on hyvä hankkia, useat kanit oppivat juomaan pullosta. Juomakuppeja voi käyttää myös, mutta jos ne eivät ole kaltereihin kiinnitettäviä, kupit likaantuvat todella helposti ja läikkyvät. Häkkiin kiinnitettävä heinähäkki on myös ihan hyvä hankinta, kunhan sen kiinnittää häkin ulkopuolelle, se ei vie tilaa häkistä ja heinät pysyvät tallaamattomina ja syömiskelpoisina, eikä kani onnistu silloin satuttaa itseään heinäverkkoon (esim. jalka jäisi jumiin).

Ennen kanin tuloa kannattaa miettiä myös millaisia kuivikkeita käyttää kanillaan. Puru on yleisin kuivike, jota kaneilla käytetään. Ne eivät kuitenkaan välttämättä sovi esimerkiksi pitkäkarvaisille kaneille. Purujen lisäksi sisäkaneilla voi käyttää häkin pohjalla mattoa ja yrittää opettaa kaninsa pissa-astialle, jossa voi käyttää kissanhiekkaa, pellettiä tai puruja. Purujen tilalla kuivikkeena voi käyttää myös olkia tai olkirouhetta. Sanomalehtiä ei suositella pohjalle, sillä väri saattaa tarttua ikävästi tassunpohjiin ja kani silppuaa sanomalehdet todella nopeasti ja äänekkäästi sotkien koko häkin.

Hankinta lista

- tilava häkki tai kompostikehikot, joilla voi rajata asuintilan
- keraaminen ruokakuppi
- juomapullo tai häkkiin kiinnitettävä juomakuppi
- heinähäkki
- aluset, purua tms.
- heinää
- pellettiä
- kuljetuskoppa kuljettamiseen
- kynsisakset
- harja, varsinkin pitkäkarvaisille
- valjaat, ulkoiluun

Kanien ulkoaitaus voi olla myös tällainen

22

Tässä kaneille on rakennettu vanhaan navettaan kesäasunto. Kanit pääsevät kulkemaan navetan sisältä ikkunan kautta ulkotarhaan, jossa pääsevät toteuttamaan kanimaisia kaivauksia.

Kuvat: Henna Pietarinen

Kuva: Jane Huhta

Kanien tilat voidaan tehdä koiranpentujen aitauksesta tai kompostikehikoista rajaten huoneesta oma tila niille. Näin ne saavat huomattavasti suuremman alueen käyttöönsä kuin kaupassa myytävillä häkeillä. Häkit voivat olla niiden lepopaikkoina, mutta muutoin ne tarvitsevat enemmän liikkumatilaa.

Kani tulee taloon

Kun kani saapuu uuteen kotiin, on se annettava rauhassa tutustua uuteen ympäristöön ja omaan häkkiinsä. Anna sen olla rauhassa omassa häkissään muutamia päiviä ennen kuin alatte tutustumaan siihen kunnolla. Usein kanista itsestään ja sen käyttäytymisestä huomaa milloin se on kotiutunut niin hyvin, että uteliaisuus voittaa pelon ja se on valmis poistumaan häkistään. Ei pidä turhautua, vaikka uusi kani pelkäisi sinua ensimmäisten päivien tai jopa viikkojen aikana. Ajan kanssa ja rauhallisella olemuksella kani kyllä tottuu omistajaansa

Ja erityisesti poikasten kanssa tulisi ottaa huomioon niiden ollessa 8 viikon ikäisenä luovutusikäisiä, ovat ne vasta vähän aikaa nähneet maailmaa ja heidät on vähän aika sitten viety tutusta ympäristöstä emokanin ja sisarusten luota pois. Joten ei ole ihme jos poikanen on vielä kovin pelokas ja arka uutta omistajaansa kohtaan. Joten lähesty pikkuista alkuun rauhallisesti ja hellävaraisesti.

Elämää kanin kanssa

Hoito

Kun kani on kotiutunut, niin käsittele sitä päivittäin. Silittele ja pidä sylissäsi sitä, samalla voit opettaa sitä harjaukseen, korvien tarkastukseen ja kynsien leikkaamiseen. Kynsien leikkuu on tärkeä taito opetella ja se onnistuu sylissä pitämällä. Anna kanin jaloitella päivittäin, kun se pääsee suurempaan tilaan voit nähdä kuinka se nauttii vapaana olostaan hyppien ja loikkien iloisesti. Häkki kannattaa pudistaa tarpeeksi usein, sillä siistinä eläimenä se ei pidä likaisista alusista. Monet kanit tekevät tarpeensa vain yhteen nurkkaan, jolloin puhdistaminen on helpompaa. Vesi tulee vaihtaa päivittäin ja ruokaa tarjota joka päivä.

Pissalaatikolle opettaminen onnistuu joillekin kaneille helposti ja toisille taas ei lainkaan, mutta aina kannattaa ainakin yrittää. Usein helpoin tapa on laittaa astia sille kulmalle minne kani itse tahtoo tarpeensa tehdä. Lisää pissalaatikkoon kanisi papanoita, jotta se ymmärtäisi idean. Heinähäkki kannattaa sijoittaa astian kohdalle, sillä usein heinää syödessä kani myös papanoi. Monet kanit, jotka saavat olla lähes aina irti tekee tarpeensa häkkiin ja huone pysyy siistinä. Joskus kuitenkin varsinkin papanoita löytyy myös lattialta. Onneksi kanin papanat on melko helppoja siivota.

Jotkin kanit tykkäävät käyttää vessalaatikkoa nukkumapaikkana jolloin voit kokeilla laittaa vielä toisenkin vessalaatikon tarvittaessa häkkiin. Osa kaneista hoksaa silloin käyttää toista vessana.

> *Kanit saavat meillä ruokaa kahdesti päivässä. Aamulla*
> *ruokaseosta ja iltaisin jotain tuoretta esim. porkkanaa.*
> *Tietysti koko ajan kaneilla on saatavilla heinää ja*
> *raikasta vettä. Papanat ja muut sotkut siivoan kerran*
> *päivässä häkeistä, sekä vessat vaihdan tarpeen mukaan*
> *joka päivä tai joka toinen päivä. Vedet vaihdan joka päivä.*
> *Kanit pääsevät joka päivä juoksentelemaan ulos häkistä*
> *vähintään puoleksi tunniksi. Joka päivä en ehdi kaikkia*
> *kaneja käsittelemään (käännellä sylissä, tarkastaa*
> *kynnet ja iho/karva, hampaat ja rapsutella),*
> *mutta yritän aina yhtenä päivänä käsitellä ainakin*
> *kahta kania, jolloin käsittelyä tulee useamman kerran*
> *viikossa jokaiselle.*
>
> *Kerran viikossa putsaan häkit hieman paremmin.*
> *Vaihdan matot/purut, putsaan häkinpohjan esim.*
> *rätillä sekä pesen juomapullot ja vessat.*
> *Vähintään kerran viikossa kanit pääsevät myös*
> *ulkoilemaan hieman pidemmäksi aikaa,*
> *yleensä viikonloppuisin.*

Tarpeen mukaan leikkelen kynsiä ja harjailen.
Kerran kuussa myös punnitsen kanit.
    Emmi

Leikin päivittäin kanieni kanssa, käsittelen niitä
siis todella paljon. Päivittäin ne saavat runsaasti
jaloitella huoneessani. Pari kertaa viikossa siivoan
häkit kunnolla, mutta päivittäin siivoilen niitä hieman.
Päivittäin vaihdan vedet kuppeihin, lisäksi minulla on
juomapullot ja niihin vaihdan vedet parin päivän välein.
Ruokin kanini päivittäin, tai välillä parikin kertaa päivässä.
Heiniä lisään aina kun on tarvetta. Tuoreruokaa en anna
päivittäin, sillä toinen kaneistani voi mennä ripulille liiasta
tuoreruuasta. Pari kertaa viikossa treenaamme esteitä,
riippuu vähän onko aikaa tai jaksamista. Opetan kaneilleni
temppuja päivittäin, kuten luokse tuloa ja takajaloilla
seisomista käskystä. Se menee aina ohimennen siinä,
kun menen huoneeseen, niin käsken niitä luokseni ja
sitten ne saavat namin.
    Sanna

Aamulla annan porkkanaa, heinää, vettä, näkkileipää
ja kauraa. Illalla samoin. Navettakanit ovat aamuin
illoin juoksemassa käytävillä lypsyn ajan,
tupakanit ovat irti koko ajan. Kaneja syötän paljon
kädestä, kuten näkkileivät, porkkanat ja perunat.
    Päivi

> *Perushoito (ruokinta, seurustelu, juomakupin täyttö ja yleinen puhdistus) joka päivä, villa keritään noin kerran kolmessa kuukaudessa. Kerran viikossa tyhjennetään häkki perusteellisesti*
> *Vilma*

> *Koska kanit asuvat sisällä kanssani, on tilojen oltava erityisen puhtaat. Siivoan asumuksia suurin piirtein parin päivän välein tai tarvittaessa ja kanit ruokitaan ja juotetaan rutiininomaisesti, mutta jokaisella on omat yksilökohtaiset tarpeensa. Rutiinilla hoituvat myös esim. kynsien leikkuu jolloin leikkaan kaikilta kaneilta samalla kerralla.*
> *Heidi*

Ruokinta

Kanin pääruoka on heinä. Sitä tulee olla kokoajan tarjolla, koska se on tärkeä osa kanin suoliston toimintaa ja kani voi silloin hyvin. Heinän tulee olla puhdasta, raikkaan tuoksuista ja kovakortista. Kovakortisessa heinässä on paljon kuituja ja se on kanien mielestä erittäin maittavaa. Kani ei välttämättä heinän lisäksi tarvitse muuta ruokaa voidakseen hyvin. Pelletit ja herkut ovat vain lisäruokaa jonka ei tule olla kanin pääruoka. Liialla pelletin ja herkkujen syötöllä voi olla huonoja seurauksia jonka takia kanilla on maha kuralla tai kanin selästä puuttuu normaali lihaksisto. Joten pidä aina huoli että kani syö heinää.
Jos kani on huono syömään heinää, vähennä sen pellettien ja herkkujen saantia.

Kaikille lemmikeille tulisi hakea yksilöllinen ja sopiva ruokinta muoto, jotta eläin voisi hyvin. Kaneissa samoin täytyy hakea juuri omalle lemmikille sopiva ruoka, toiset kestävät tuoretta ruokaa hyvin ja toiset taas ei. Belgianjättiä ei voi ruokkia samoin kuin hermeliiniä. Kuitenkin kaikille kaneille on perustarpeet samat: raikasta vettä sekä kuivaheinää aina saatavilla. Laadukas perusruoka on tärkeää kaikille kaneille, mutta sen annostelu on yksilökohtaista. Vaikka sinulla olisi kaksi samanrotuista kania, voi niiden ruokinta voi olla erilaista. Toiset lihovat herkemmin kuin toiset ja liian lihava kani ei ole onnellinen. Kanien tulee saada myös aika ajoin tuoretta ruokaa, kesällä tämä on helppoa kun luonto tarjoaa paljon vaihtoehtoja, mutta talvella täytyy tyytyä kaupan antimiin: porkkanaan ja salaattiin. Kanin on hyvin tärkeää saada muun ruoan lisäksi kovaa purtavaa, kuten oksia tai kuivattua leipää. Kanin hampaat kasvavat koko ajan ja kova purtava kuluttaa hampaita niin ettei ne pääse kasvamaan liian suuriksi.

Mitä voi antaa luonnosta

- mustikan ja puolukan varvut
- vadelman lehtiä
- voikukan lehtiä
- valkoapila
- hiirenvirna
- piharatamo
- pihatähtimö eli vesiheinä
- yrttien kasvatusta kannattaa kokeilla: hyviä vaihtoehtoja ovat tilli ja salvia
- omenapuusta kani voi käyttää hyödykseen niin omenat, oksat kuin lehdet
- myös muut oksat, kuten koivu, paju, pihlaja tai haapa lehtineen

Kaneille annettaessa luonnon ruokaa tulee muistaa, että niiden täytyy olla puhdasta ja huoneenlämpöistä. **Muista myös, että kun keräät syötävää kaneille, niin et kerää autoteiden vierestä saasteiden vuoksi. Äläkä kerää kasveja, joita et tunne!**

Kiellettyjä ruokia on

- mukulakasvien (esim.tulppaani) kukat ja lehdet
- kielo
- lupiinit
- kaalit

Luonnosta löytyy paljon hyviä syötäviä kasveja pupuille. Talveksi voi tehdä myös ns. kerppuja eri kasveista. (kerput on kuivattuja kasvinippuja)

30

Terveydenhuolto

Ummetus

Ummetus johtuu yleensä vääränlaisesta ruokavaliosta, karvojen aiheuttamasta suolitukoksesta tai liikunnan puutteesta. Ummetuksessa kanille pitää antaa ensihoitona ananasmehua (ananassäilykepurkin sokeroimatonta mehua, ei siis juotavaksi tarkoitettua kaupan mehua)myös parafiiniöljyä voi kokeilla. Parafiiniöljyä voi antaa 1–3 ml muutaman kerran päivässä ruiskulla suoraan suuhun. Ummetukseen voi kokeilla myös antaa ruiskulla raikasta huoneenlämpöistä juomavettä, ellei kani ulosta tai syö kotihoidosta huolimatta, vie kani välittömästi eläinlääkäriin, sillä suolitukos johtaa nopeasti kuolemaan. Ennaltaehkäisevä toimenpide ummetukseen on oikea ruokavalio ja kanin harjaaminen etenkin karvanlähdön aikaan.

Suolilama

Nykyään on selvinnyt, että vaikka oireet olisivat kuten ummetuksessa, kyse ei ole yleensä ole siitä (vaikka yleisesti siitä puhutaankin) vaan suolilamasta, eli suoli ei liiku, kani ei syö (koska uusi ruoka liikuttaa vanhaa ruokaa suolessa). Tämän takia parafiiniöljy ei auta vaan pahentaa tilannetta, koska sen antamisen jälkeen suoli on niin liukas, ettei ravintoaineetkaan enää imeydy. Suolilamassa on tarkoitus saada suoli taas liikkeelle, niin tukiruoka ja nesteytys ovat ratkaisu tähän. Ananasmehunkin teho on jo todettu toimimattomaksi koska ne entsyymit mitkä ananasmehussa on, kuolee jo matkalla suoleen (vahvat mahahapot muistaakseni tuhoaa ne). Eli ananasmehu auttaa pelkästään nesteyttämällä ja saman vaikutuksen saa ihan vedellä. Vesi ja tukiruoka (Critical Care tai Recovery) ruiskulla kanille ja pakkoliikuntaa. Kipulääke voi myös olla tarpeen. Näillä saadaan suolilama liikkumaan.

Ripuli

Ripulin syynä voi olla esimerkiksi ruokinnan muutos, pilaantunut tai liian kylmä ruoka, huonolaatuinen ruoka, stressi, lääkekuurit tai bakteerit. Pese ripulia sairastavan kanin takapää kädenlämpöisellä vedellä ja kuivaa huolellisesti. Kuivaaminen on tärkeää, sillä kani vilustuu helposti. Desinfioi kanin häkki ja pese ruoka- ja vesiastiat kuumalla vedellä. Vaihda häkin kuivikkeet pari kertaa päivässä. Ripuloivalle kanille voi kokeilla antaa kotihoitona seosta, jossa on 0,5 dl veteen keitettyä löysää kauravelliä tai vauvoille tarkoitettua vihannessosetta, sekä muutamia heinäpellettejä liotettuina. Lopeta tuoreruoan antaminen aluksi kokonaan, kun kani on tervehtynyt lisää sitä vähitellen. Ensihoidon jälkeen, anna vain kuivaa heinää, kunnes ripuli on parantunut. Mikäli ulosteessa on verta tai ruokahalu on heikentynyt, vie kani välittömästi eläinlääkäriin. Vatsalle hyviä yrttejä ovat minttu ja persilja myös vadelmanlehdet rauhoittavat vatsaa, joten näillä on hyvä aloittaa tuoreruoan saaminen.

Silmätulehdukset

Kanin silmät ovat alttiita erilaisille vaurioille. Silmätulehdukset voivat johtua esimerkiksi heinän pölystä tai vilustumisesta. Silmään saattaa osua myös terävä heinänkorsi. Silmätulehdus voi johtua myös hampaista, sillä poskihampaiden juuret voivat painaa kanavia. Tulehtunut silmä vuotaa joko kirkasta tai värillistä nestettä, kani räpyttää sitä useasti tai pitää kokonaan kiinni. Jos silmien huuhtelu keitetyllä vedellä tai apteekista saatavilla eläinten silmähuuhteilla ei auta, ota yhteys eläinlääkäriin. Tällöin kannattaa tarkastuttaa myös kanin hampaat.

Hammaspiikit

Hammasvaivoja voivat aiheuttaa muun muassa geneettinen alttius, kallon tai leuan tapaturma tai sopimaton ruokavalio (liian vähän heinää). Usein syy jää tuntemattomaksi. Normaalisti ylä- ja alaleuan etuhampaat osuvat toisiinsa eläimen pureskellessa, jolloin hankaus saa hampaat lyhenemään. Jos hampaat eivät kuitenkaan osu toisiinsa, ne kasvavat jatkuvasti ilman esteitä. Ne voivat tällöin kasvaa erityisen pitkiksi ja aiheuttaa vammoja nenään, kieleen, kitalakeen tai huuliin. Pitkäksi kasvaneet etuhampaat voivat myös murtua, mikä voi aiheuttaa tulehduksen tai paiseen.

Hammasongelmien oireena on yleensä vähentynyt, vaikeutunut syöminen ja lopulta syömättömyys.
Kanilla poskihampaisiin kehittyvien hammaspiikkien seurauksena myös kieleen ja poskeen voi tulla kivuliaita vaurioita, tämä näkyy syljen tippumisena. Hammasongelmat voivat aiheuttaa myös ruuansulatuskanavan ongelmia.
Ylikasvaneiden hampaiden hoitona on niiden lyhentäminen. Etuhampaat pystyy yleensä lyhentämään ilman rauhoitusta, mutta poskihampaiden tarkastus ja hoito vaatii yleensä rauhoituksen.
Tukihoitoa tarvitaan, jos eläimen kunto on laskenut hammasongelman seurauksena. Hammasvaivoilla on tapana uusia, säännöllinen hampaiden tarkastus on tarpeen.

Älä lyhennä hampaita kotikonstein!

Harvinaisempia hammassairauksia ovat kyynelkanavan tukkeutuminen ylähampaiden juurien liiallisesta kasvusta johtuen, hammaspaiseet (tulehdus yhdessä tai useammassa hampaassa) tai tulehdus leukaluussa.

Pasteurelloosi

Pasteurella multocida -bakteerin aiheuttama tulehdus. Bakteeri voi levitä kaikkiin elimistön kudoksiin, mutta yleisin esiintyminen on hengitysteissä tai silmän kalvoissa. Pasteurelloosi leviää pisaratartuntana ja suorassa kontaktissa erittäin helposti eläimestä toiseen. Terveessä eläimessä tartunta ei välttämättä aiheuta oireita, mutta oireetonkin eläin voi levittää bakteeria. Yleisimpiä ilmenemismuotoja ovat hengitystietulehdus, paiseet, silmätulehdukset ja korvatulehdukset. Pasteurelloosia hoidetaan antibiooteilla (Ditrim tai Baytril), mutta täydellinen parantuminen on yleensä mahdoton.

RHD

Verenvuotokuumetautia tavattiin ensimmäisen kerran Suomessa vuonna 2016. Verenvuotokuumetaudin lyhennys on RHD (rabbit haemorrhagic disease) ja siitä on olemassa eri kantoja. Suomesta löytyi kalikiviruksen kakkoskantaa eli RHD2-kantaa. Oireita ovat kuumeilu, verinen vuoto sieraimista tai peräpäästä, äkkikuolemat ja äkillinen verenpaineen lasku. Yleensä virus iskee maksaan ja joskus myös muihin sisäelimiin. Kani voi olla sairastunut verenvuotokuumetautiin vaikka sillä ei olisi mitään klassisia oireita. Virus leviää mm. hyönteisten, eritteiden, juomaveden sekä ruuan välityksellä. Siksi rokottamattomia kaneja ei auta se, ettei niitä viedä ulkoilemaan tai niille ei kerätä ruokaa luonnosta. Kanin pääruokaa on heinä, joten virusta ei pysty välttämään sataprosenttisesti. Viruksen voi myös tietämättään itse tuoda kotiin vaatteissa tai kengissä. Viruksen ykköskanta on tappavampi kuin kakkoskanta, mutta kakkoskanta ehtii samasta syystä tartuttaa paljon enemmän kaneja. Poikaset ovat immuuneja viruksen ykköstyypille, mutta eivät kakkostyypille. Virusta vastaan on rokote.

Kysy omalta eläinlääkäriasemalta sen saatavuudesta. Vuonna 2019 tätä tautia tavattiin kaninkasvattajan tiloissa, jossa ehti menehtyä useita kaneja, vaikka asiaan reagoitiinkin välittömästi. Lisäksi vuonna 2019 tätä tautia on tavattu myös kuolleessa rusakossa, joten **rokottaminen on ehdottoman tärkeää!**

Virikkeet

Kani kaipaa tekemistä siinä missä muutkin lemmikit. Päivittäisen jaloittelun lisäksi kanille voi keksiä tekemistä joko jaloitellessaan tai häkkiinsä. Pahvilaatikoista saa askarreltua tunneleita ja koloja ja siitä riittää pitkäksi aikaa iloa kun pahvilaatikkoa voi repiä ja tehdä uusia koloja joista liikkua. Muovilaatikoista voi rakentaa kanille "hiekkalaatikon" jossa se voi toteuttaa kaivamisintoaan. Häkkiin voi hankkia aktivointipallon tai salaattipallon. Vain mielikuvitus on rajana!

Virike ideoita
* pahvilaatikko majat
* kangastunnelit
* hiekkalaatikko
* salaattipallo

Häkissä kaneillani on kaneille tarkoitettuja leluja. Puun oksia.
Häkin ulkopuolella on leluja, esteitä, piilopaikkoja.
  Emmi

Häkeissä kaneillani on leluja, irtonaisia sekä katosta
roikkuvia. Lisäksi kääpiöjäniksellä on aina tasoja häkissä,
joille se voi pomppia, se kun tykkää olla korkealla.
Häkin ulkopuolella on tunneli ja pehmeitä koppeja,
joissa kanit tykkäävät olla piilossa tai hyppiä päälle.
Lisäksi lattialla on yleensä yksi este kasattuna,
joita kanit voivat vapaana ollessaan pomppia,
tosin välillä tuntuu siltä että niitä kiinnostaa enemmän
rikkoa sitä ja heitellä puomeja.
Lisäksi niillä on joitakin omia pehmoleluja.
  Sanna

Pahvilaatikoita, vessapaperiholkki, kulkusiltoja
eri kerroksiin, aktivointipallo tuvalla, mutta eivät
paljoa kiinnosta. Kerran oli olohuoneen portaikon
alla kiipeilyseinä, mutta kun silloinen Juuso hermeliini
kuoli, niin purin sen kiipeilyseinänkin. Iso tyyny tuvan
lattialla, jonka päällä makaan ja syötän kaneja kädestä.
Leikkikuorma-auto on ollut mielenkiintoinen lelu kaneista.
Navettakaneilla lypsykärryn ritiläpohjasta roikkuu
porkkana, mitä he käyvät välillä jyrsimässä.
Olohuoneessa on kangasputki, kiva leikkipaikka.
  Päivi

Sisällä asuvalla pariskunnalla löytyy
pesämökki, riippumatto, erilaisia leluja ja
pureskeltavia oksia 2 kerroksisessa häkissä.
Häkin ulkopuolella pyyhe/viltti jota saa kaivella,
pahvilaatikko, leluja, tunneli, ja oksia.
Parvekkeella asuvilla kaneilla mökissä ei ole
muuta kuin vessat, vesi ja heinä
(2 kerroksinen eristetty mökki, luukku aina auki),
parvekkeella runsaasti oksia, tunneli sekä piilopaikkoja.
Siiri

Kanin kopista löytyy aina tasoja tai pieni "mökki".
Useasti häkissä on nakerteluun sopivia oksia myös.
Poikasilla on aina virikkeenä muovisia tunneleita.
Ulkoaitauksista löytyy aikuisille tunneleita, mökkejä,
oksia ja itse rakennettuja majoja.
Maija

Kuvat: Emmi Sirainen

Ulkoilu

Kesällä sisäkanit viihtyvät ulkona ja puutarhassa. Jos on vain mahdollista niin kesäksi voi ulos rakentaa kanille ulkohäkin, jossa se voi oleskella joko koko kesän tai päivisin. Muista kuitenkin tarkistaa häkin paikkaa miettiessä, ettei häkki ole koko päivää suorassa auringon paisteessa. Ja muista tarkastaa, että häkki on turvallinen eikä sinne pääse mikään eläin ulkopuolelta. Kani kaivaa mielellään, joten häkissä tulee olla myös pohja. Jos kanillasi ei ole mahdollista ulkoilla häkissä, niin sisähäkin voi siirtää hetkeksi vaikka parvekkeelle. Kaneille myydään myös erilaisia valjaita, joihin kanin voi totuttaa ensin sisällä ja sen jälkeen ulkoilla valjaissa valvotusti. Talvella kun keli ei ole liian kylmä, voi kani käydä hetken nuuhkimassa raitista ilmaa.

Meillä kanit ulkoilevat mahdollisimman usein.
Sää rajoittaa aina jonkin verran ulkoilua, kovilla
pakkasilla ja vesisateella en vie kanejani ulos!
Kesäisin kanit asuvat meillä leikkimökissä ja
suojatuissa piha-aitauksissa, joten silloin saavat
ulkoilla ympäri vuorokauden. Talvisin pakkasista
riippuen kanit ulkoilevat kaksi- kolme kertaa viikossa.
Myös valjaissa saavat juoksennella silloin tällöin.
    Emmi

Kanini ovat olleet nyt ulkona koko kesän
(huhtikuusta syyskuuhun) ulkotarhassa,
jota on siirrelty tarpeen vaatiessa.
Muuten käydään kun on aikaa valjaissa
ulkona, talvellakin. Pitkän turkin kanssa ei
tule kylmä kovin helposti. Viihtyvät ulkona
    Vilma

Kesällä kanit ovat koiranhäkissä, jossa alareunassa minkkiverkko ja lattia lähes kokonaan betonoitu. Talvella käväistään isojen kanien kanssa ulkona harvakseltaan irrallaan.
Päivi

Kanit asustavat koko kesän parvekkeellamme. Päivät ne ovat irti ja yöt häkissä. Näin on ihan kanien turvallisuutta ajatellen. Mökillä onkin sitten hieman isompi ulkoilualue. Olemme tehneet kompostikehikoista niille aitauksen, aitaukseen kuuluu 4 kompostipakettia eli halkaisija on suunnilleen 3m 60cm. Valjaissa sitten liikutaan kaupungissa. Talvella myös ulkoillaan, riippuen millainen ilma.
Marja

Ulkoillaan aina kun sää on kaneille suotuisa, talvisin ei tietysti niin paljon. Kesällä taas kanit saavat ulkoilla ihan reippaasti. Kesällä ulkoillaan vain aamulla tai illalla, päivällä on yleensä liian kuuma.
Maija

41

Useinmiten kaupunkilaiskanit ulkoilevat valjaissa. Valjaitakin on monenlaisia: H-valjaat, T-valjaat, verkkovaljaat, lapavaljaat. Eri kokoisille ja mallisille kaneille sopii erilaiset valjaat. Kannattaa kysyä oikeanmalliset kokeneemmilta harrastajilta.

Kuva: Jane Huhta

Harrastaminen kanin kanssa

Järjestötoimintaa

Suomessa on tällä hetkellä muutamia eri kaniyhdistyksiä.

Suomen Kaniyhdistys ry on perustettu vuonna 1989 ja se toimii kanien kasvattajien ja harrastajien yhdyssiteenä ja keskusjärjestönä sekä kaniharrastuksen etujärjestönä. Suomen Kaniyhdistys ry julkaisee Kanimakaziini-lehteä ja järjestää näyttelyitä ja koulutuksia. Vuodesta 2003 lähtien yhdistys on ollut Suomen kattoorganisaationa Pohjoismaisessa Kanistandardissa.

Suomen Lemmikkikanit ry on 2012 perustettu yhdistys, jonka on tarkoitus palvella lemmikkikaniharrastajia sekä järjestää näyttelyitä ja koulutustilaisuuksia, levittää tietoutta kanista lemmikkinä. Yhdistys julkaisee Papanaattori-nimistä jäsenlehteä.

Suomen Estekanit ry perustettiin syksyllä 2004. Sen tarkoitus on ylläpitää ja kehittää suomalaista kanihyppyharrastusta järjestämällä kilpailuja sekä kursseja mahdollisuuksien mukaan eri paikkakunnilla.

Kaniininkasvattajat ry on vuonna 1943 perustettu yhdistys, jonka toiminta on aktivoitu vuoden 2011 lopulla uudestaan. Se haluaa olla etujärjestö kaikille suomalaisille kaninkasvattajille.

Suomen Kanihypääjät ry on 2017 vuonna perustettu yhdistys. Sen tarkoitus on edistää kanihyppyharrastusta Suomessa sekä tukea estekanien jalostustyötä. Yhdistys järjestää estekilpailuja, -harjoituksia sekä hyppykursseja ja -näytöksiä.

Kuva: Maija Suni

Kaninäyttelyt

Kaneille on nykyään myös omat näyttelynsä. Tiedon myötä myös kaninäyttelyiden suosio on lisääntynyt. Näyttelyissä on usein kaksi eri kategoriaa: Pet-luokka eli lemmikkiluokka, jossa arvostellaan kanin lemmikkiominaisuuksia sekä UML eli ulkomuotoluokat, joissa taas arvostellaan kanin ulkonäköä ja rakennetta, rotumääritelmään verraten.

UML (Ulkomuotoluokat)
Ulkomuotoluokkiin voivat osallistua puhdasrotuiset, sukupaperit omaavat kanit. Näissä ulkomuotoluokissa arvostellaan kanit verraten niitä rodun rotumääritelmään. Näissä luokissa siis on enemmän merkitystä että kani vastaa standardin määrittelemiä vaatimuksia ulkomuodoltaan. Jokaisesta rodusta valitaan rotunsa parhaat (ROP) eli se kani mikä on saanut suurimmat pisteet

Pet-luokka

Pet-luokkaan voi osallistua kaikki yli 2kk ikäiset kanit, myös risteytykset ovat tervetulleista pet-näyttelyihin. Pet-luokassa arvostellaan siis kanin lemmikkiominaisuuksia, sekä kuinka kania on hoidettu. Arvostelukohteet ovat mm. kynsien pituus, yleiskunto sekä korvien, silmien ja tassujen puhtaus.

Valmistautuminen näyttelyyn

Jos sinua alkoi kiinnostaa kaninäyttelyt, kannattaa tutustua eri yhdistysten järjestämiin näyttelyihin ja heidän tapoihinsa toimia. Järjestöiden sivuilla löytyy lisää tietoa ilmoittautumisesta ja näyttelyistä. Ja aina kannattaa myös kysyä järjestöiden vastuuhenkilöiltä neuvoa. Ennen näyttelyä kannattaa punnita kanisi, jotta se täyttää rotumääritelmän kriteerit. Liian painava kani pudottaa pisteitä samoin kuin liian laiha. Sinulla on vielä aikaa laihduttaa tai lihottaa kaniasi. (Siis jos rotumääritelmässä on painorajat). Painorajaa ei ole Pet-luokissa. Tarkasta kanisi karva ja puhtaus. Yritä puhdistaa kanisi jalat jos ne ovat likaiset ja leikkaa kynnet!

Näyttelypäivänä

Näyttelypäivänä saavu ajoissa paikalle. Pet kanit ovat omissa kuljetuslaatikoissaan koko päivän, joten varaa koppaan heinää ja vettä. Ulkomuotoluokkiin osallistuvat kanit menevät yleensä näyttelynjärjestäjien näyttelyhäkkeihin, mutta on myös näyttelyitä, joissa kanit ovat omissa kuljetushäkeissään. Aseta kanisi siihen häkkiin, jonka numeron olet saanut vahvistuksessa. Kanin tulee olla häkissä koko näyttelypäivän ajan, mutta jos kanisi kuitenkin osallistuu esimerkiksi estehyppyyn ja pet-luokkaan saman päivän aikana, kirjoita viesti häkkiin jos poistat kanin häkistä. Omistajan tulee itse huolehtia jos haluaa häkkien väliin pahvin, pahvi estää tappelut viereisessä häkissä olevan kanin kanssa. Omistajalle kuuluu myös huolehtia kanin juottamisesta ja ruokailusta näyttelyn aikana. Tästä syystä ota oma pullo kanillesi mukaan. Muusta sinun ei enää tarvitse huolehtia. Näyttelyssä on assistentit, jotka kuljettavat

kanit tuomarille ja takaisin häkkiin. Näin ollen sinulle jää aikaan kierrellä ja katsella muita kaneja ja keskustella uusien ja vanhojen tuttavuuksien kanssa. Infopisteen henkilöt ovat myös näytteilleasettajia varten, heiltä voi kysyä jos on

Kuva: Maija Suni

jotain epäselvää tai muuta kysyttävää. Kaneja ei saa viedä näyttelypaikalta ennen näyttelyn loppumista tai kellon aikaa jonka järjestäjä on vahvistuksessa ilmoittanut. Tämä siitä syystä, että kun kyseessä on yleisötapahtuma, on kanien oltava yleisölle nähtävissä. Päivän päätyttyä olisi hyvin ystävällistä auttaa näyttelynjärjestäjiä siivoamaan näyttelypaikkaa, mutta ainakin oman kanin häkki tulee siivota lähtiessä.

Kannattaa otta yhteyttä järjestäviin yhdistyksiin ja kysyä heidän tapaansa toimia näyttelyiden suhteen. Tarvitseeko kanien olla merkittyjä ennen näyttelyä ja onko paikalla mahdollisesti tatuoijia, jotka voivat tatuoida myös risteytyskanin korvaan merkin.

UML eli ulkomuotaluokan arvostelu sekä PET eli lemmikkikanin arvostelut

46

Kuvat: Jenni Untinen

Estehyppy

Mistä lajissa on kyse?

Kanien estehypyssä on oikeastaan kyse samoin kuin hevosten estehypyssä. Esteet tulisi ylittää mahdollisimman nopeasti, pudottamatta rimoja. Lajissa on helpompi suora rata aloittelijoille ja ne vaikeutuvat kanien taitojen mukaan korkeuden ja pituuden osalta.

Millaisen kanin kanssa voi harrastaa estehyppyä?

Estekaniksi sopii melkein mikä tahansa kani. Kaikista kaneista ei ole kilpailuihin asti, mutta jokaisen kanin kanssa voi lajia kokeilla. Myös risteytykset saavat osallistua kilpailuihin. Yleensä uteliaat kanit ovat parempia lajissa kuin arat ja säikyt. Kanin täytyy kilpailuun osallistuessa olla kuitenkin vähintään 4 kuukauden ikäinen. Suosituimmat rodut estehyppyä varten ovat pieniä tai keskikokoisia, koska ne ovat kokonsa puolesta monesti ketteriä ja vilkkaita, mutta mikään ei estä kokeilemasta esteitä suurenkaan rodun kanssa. Suomessa esteristeytysten jalostaminen on vielä pientä, mutta joitakin kasvattajia Suomestakin löytyy. Yleensä siis huipulle pääsevät kanit ovat risteytyksiä, jotka ovat jalostettu juuri esteitä varten ja niiden jalostuksessa on otettu huomioon asiat jotka tekevät hyvin hyppäävän kanin, kuten luonne ja ruumiin rakenne. Estekanin ihanne ulkomuoto on keskikokoinen eli noin 2-3kg ja pitkä- sekä kevytrunkoinen.

Välineet

Kanihypyn aloittaminen ei vaadi välttämättä ihmeitä. Esteitä voi tehdä kirjoista tai tyynyistä, joten kokeilla voi ihan millä tahansa mihin kani ei voi särkeä itseään. Kanin olisi hyvä myös tottua valjaisiin, sillä kisoissa kanin tulisi olla valjaissa suoritusta tehdessään. Kun kani on ymmärtänyt hyppäämisen idean voi hankkia tai rakentaa itse sille muutamia esteitä joiden avulla voi kotona harjoitella.

Harjoittelu

Kanin opettaminen esteille tulee tehdä kanin ehdoilla, koskaan kania ei saa pakottaa tai säikyttää esteen yli vaan mieluummin houkutella ja ohjata sitä esteen ylitse. Yleensä kani kuitenkin joko hyppää esteen yli omasta tahdostaan ja nauttii siitä tai ei hyppää lainkaan vaikka kuinka sitä ohjaisi. Esteisiin kanin voi alkaa jo totuttamaan sen saapuessa uuteen kotiin 8 viikkoisena. Sen annetaan haistella ja tutustua esteisiin aluksi. Puomit voi laittaa ihan maahan ja antaa poikasen tutkia niitä. Tässä vaiheessa tärkeintä on vain tutustua uusiin esineisiin, ei niinkään aloittaa hypyttämistä. Valjaisiin totuttamisen voi myös aloittaa melkein heti kanin saavuttua, tällöin nekään ei ole pupulle uutta kilpailutilanteessa.

Seuraavaksi aloitetaan erittäin matalista 5-10 cm esteistä esimerkiksi maitotölkeistä. Kani asetetaan esteen eteen ja odotetaan, jos kani yrittää kiertää esteen niin siirrä se takaisin esteen eteen, sen tulee ymmärtää, ettei pääse eteenpäin kuin hyppäämällä. Kaksi matalaa estettä on sopiva määrä ja muista ettet harjoittele liikaa kerrallaan. Kehu ja palkitse kanisi oikean suorituksen jälkeen. Tästä eteenpäin kun edellinen taso menee hyvin, voidaan harjoitusta vaikeuttaa joko uudella esteellä tai korottamalla hieman entisiä esteitä.

Kilpailut

Suomessa kilpailuja järjestetään ympäri Suomen pääasiassa Suomen Estekani ry.n sekä Suomen Kanihyppääjät ry.n toimesta. Näissäkin tapahtumissa on joko virallisia kisoja, joissa jaetaan Vuoden hyppykani-pisteitä tai epävirallisia kisoja, joissa ei kyseisiä pisteitä jaeta vaan sijoitetaan kanit vain kisan paremmuus järjestykseen. Monesti kisoja on kaninäyttelyiden yhteydessä, mutta jonkin verran myös omina tapahtuminaan. Kisat löytyvät järjestäjien sivuilta. Samoilta sivuilta löytyy myös muita tärkeitä asioita, kuten kilpailuiden säännöt sekä tietoa eri luokista ja itse kilpailutapahtumista.

Kuvat: Maija Suni

Kuva: Maija Suni

2007 aloitimme pet- näyttelyistä ja siitä sitten uskaltauduttiin ulkomuotoluokkiin venäläisten kanssa. 2010 hurahdettiin esteisiin ja nykyään pyritään mennä kaikkiin mahdollisiin kisoihin.
Maija

Harrastamme estehyppyä ja joskus PET-näyttelyitä, kotona opetellaan myös vähän temppuja
Siiri

YLEISIMPIÄ
SUOMESSA OLEVIA
KANIROTUJA

Kursivoitu teksti on luonnekuvaus rodun harrastajilta. Aina kuitenkin kannattaa muistaa, että jokainen kaniyksilö voi olla luonteeltaan erilainen.

KÄÄPIÖRODUT

Kuva: Jane Huhta

Kuva: Maija Suni

Kääpiöjänis

Kääpiöjänis on pienin kaikista kaniroduista. Se on nimensä mukaisesti jänismäinen, kevytrakenteinen ja vikkelä. Ihannepaino on 0,71-1,30 kg. Värimahdollisuuksia on useita.

Kääpiöjänikset ovat nimensä mukaisesti hyvin jänismäisiä, pieniä, ketteriä, vikkeliä ja nopeita. Lisäksi ne ovat erittäin aktiivisia, aina juoksentelemassa,hyppimässä ja kaivamassa. Estehyppy onkin hyvin niille sopiva harrastus. Luonteeltaan jänikset saattavat ovat hieman ärhäköitä ja temperamenttisia, mutta myös seurallisia ne eivät sovellu kovin hyvin ensimmäiseksi kaniksi.

Kuva: Maija Suni

Hermeliini

Hermeliini on profiililtaan pieni ja pyöreä kani, jolla on lyhyet korvat. Hermeliinin tulee erottua selvästi kääpiöjäniksestä muhkeammalla olemuksellaan. Värimahdollisuuksia on useita. Ihannepaino 0,81-1,30kg.

Nämä kääpiöt saattavat olla hyvin eriluonteisia yksilöstä riippuen. Toiset voivat olla hyvinkin säikkyjä ja toiset taas viihtyvät sylissä.. Yleisesti ottaen ne ovat kuitenkin melko sosiaalisia, mutta hieman varautuneita. Hermeliiniä on tärkeää käsitellä pienestä asti päivittäin ja totuttaa ihmiseen poikasta olisikin tärkeä sosiaalistaa pienestä pitäen, jotta se olisi aikuisena mukavampi lemmikki.

Hermeliini ei välttämättä ole parhain vaihtoehto pienen lapsen lemmikiksi vaikka se onkin pienikokoinen.

Kääpiöscheck (kääpiöperhonen)

Kääpiöscheck on pienin scheck-kuvioinen kani. Kuvio on sallittu väreissä musta, sininen, ruskea, madagaskar, isabella, keltamusta ja sinikeltainen. Ihannepaino 1,21-1,80 kg. Osalta yksilöistä kuvio voi puuttua tai kuvio on vajaa.

Aina kaikille perhosille ei tule kuviota, mutta ne ovat silti hyviä jalostukseen sekä lemmikiksi. Tämä naaras on pärjännyt Pet-luokissa

Kääpiöluppa

Kääpiöluppa on pienin luppakorvainen rotu. Sillä on hyvin laskeutuvat korvat, lyhyt ja leveä runko sekä pyöreä pää. Ihannepaino 1,41-1,90kg. Väri- ja kuviomahdollisuuksia on useita.

Lupat ovat ystävällisiä ja rentoja. Yleensä rodun yksilöt ovat helppoja käsitellä ja aggressiivisuutta esiintyy harvoin. Kääpiöluppa sopii hyvin ensimmäiseksi kaniksi, koska se on utelias ja seurallinen. Rotua uskaltaa suositella myös lapsiperheisiin, sillä kääpiölupilla on yleensä rautaiset hermot.

PIENET RODUT:

Kuva: Henna Vihersaari

Kuva: Maija Suni

Venäläinen

Venäläinen on pienistä kaniroduista pienin. Sen ihannepaino on 2,21-3,00kg. Venäläisen perusväri on aina valkoinen. Sen kuvioinnin väri voi olla musta, soopelinruskea tai soopelinsininen.

Venäläiset ovat hyvin uteliaita, rohkeita ja kilttejä kaneja. Venäläinen sopii todella hyvin ensikaniksi rauhallisen luonteensa vuoksi.

Kuva: Sanni Siren

59

Kuva: Henna Vihersaari

Hollantilainen

Hollantilainen on perusväriltään valkoinen. Kuvioinnin väri voi olla mikä tahansa standardin väri, lisäksi sallitaan yhdistelmä japanilaisen kuvioinnin kanssa. Ihannepaino on 2,51-3,20kg.

Holskuilla on yleensä sosiaalinen ja mukava luonne, joten se sopii hyvin vaikka ensikaniksi! Hollantilaisen kanssa voi kisata mm. estehyppyä. Lisäksi Hollantilaisista voi saada hyviä näyttely kavereita sekä pet luokkiin, että myös ulkomuoto luokkaan (UML silloin kun kuvio on näyttelyssä kelpaava!).

Kuva: Tiia Eskelinen

Sachsengold

Sachsengold on upea punaoranssin värinen kani, jonka ihannepaino on 2,51-3,20kg.

Kuvat: Jasmina Halonen

Tan

Tan on kaunis kaksivärinen kani. Sen perusväri voi olla musta, sininen, ruskea tai egern. Kuvioinnin väri on aina loistava ketunpunainen. Ihannepaino 2,51-3,20kg.

Kuva: Sanni Siren

Englanninscheck

Englanninscheck on perusväriltään valkoinen. Kuvioinnin väri voi olla luonnonharmaa, musta, sininen, ruskea, madagaskar, isabella tai kolmivärinen. Ihannepaino 2,51-3,20kg.

Englanninscheck on luonteeltaan vähän temperamenttisempi kuin muut pienet rodut. Englanninscheck on kiltti ja utelias rotu, mutta en suosittelisi tätä ensikaniksi. Englanninscheck tietää oman arvonsa ja käyttäytyy sen mukaan. Näistä ei saa helposti ihan sylikania, mutta mukavan harrastekaverin näistä saa. Englanninscheck soveltuu esteille sekä ulkomuotonäyttelyihin, jos kuvio on standardin mukainen.

Kuva: Aarnevi Kittamaa

Perle-egern

Perle-egern on aina luonnonsinisen värinen kanirotu. Ihannepaino on 2,51-3,20kg.

Perlet ovat energisiä, vilkkaita kaneja, jotka eivät kauheasti viihdy sylissä paikoillaan. Ne ovat älykkäitä, uteliaita, ympäristöstään hyvin kiinnostuneita kaneja. Energisyytensä vuoksi sopivat paremmin hieman isommille lapsille ja aikuisille, niin lemmikiksi kuin näyttelykaveriksikin.

Kuvat: Sanni Siren

Soopeli

Soopeli voi olla väriltään ruskea, sininen, ruskeasiam tai sinisiam. Soopelikuvio on kaikilla väreillä samanlainen. Ihannepaino 2,51-3,20kg.

Soopeli on hyvin aktiivinen, sosiaalinen, rohkea ja utelias rotu. Soopeli on myös erittäin kiltti ja soveltuu ensikaniksi. Soopeli osaa olla kyllä myös itsepäinen sille päälle sattuessaan. Soopelin kanssa voi harrastaa estehyppyä, käydä näyttelyissä sekä soopeli soveltuu myös paijauspupuksi erilaisiin tapahtumiin.

Kuva: Sanni Siren

Pienihopea

Pienihopea on kauniin kaksivärinen turkiltaan. Sen perusväri voi olla musta, sininen, ruskea, luonnonkeltainen tai luonnonharmaa. Perusväriin on sekoittunut karvoja, missä on valkoinen karvankärki, joten kanissa on hieno hopean sävy. Ihannepaino 2,51-3,20kg.

Deilenaar
Deilenaar on hollantilainen upean syvän luonnonpunaisen värinen kani, jonka ihannepaino on 2,51-3,20kg.

Marburginegern
Marburginegern on rusehtavan harmaansininen rotu saksasta. Ihannepaino rodulle on 2,51-3,20kg.

Pienihavanna
Pienihavanna on upean tummanruskean värinen rotu. Ihannepaino on 2,51-3,20kg.

Lux
Luxin karvankärki on vaaleansiniharmaa ja väliväri on punaruskea. Väliväri nousee karvassa niin ylös, että se paistaa peitinvärin läpi. Peitinväri on tällöin punaruskea, jossa on vaaleansiniharmaa hohde. Ihannepaino on 2,51-3,20kg.

Schwartzgrannen
Schwartzgrannen on saksalainen rotu. Väri on valkoinen, jota hallitsee tasaisesti jakautuneet mustat karvankärjet. Ihannepaino on 2,51-3,20kg.

Pieniwiener
Pieniwiener voi olla väriltään valkoinen sinisilmäinen, luonnonharmaa, luonnonsininen, tummanharmaa, sininen ja musta. Ihannepaino 2,51-3,20kg.

Örestad
Örestad on ruotsalainen rotu, jolla on puhtaan valkoinen turkki ja punaiset silmät. Ihannepaino on 2,51-3,20kg.

Rhön

Rhön on uusi hyväksytty rotu, jonka kuvio koostuu pilkuista, raidoista ja laikuista, jotka ovat jakautuneet tasaisesti koko runkoon. Kuvioinnin väri vaihtelee harmaasta mustanharmaaseen. Ihannepaino 2,51-3,20kg.

KESKISUURET RODUT

Kuva: Meri Nyman

Kuva: Maija Suni

Belgianjänis

Belgianjänis on jänismäisestä ulkonäöstään huolimatta kanirotu. Se voi olla luonnonpunainen tai valkoinen punasilmäinen väriltään. Myös tan-kuvio on sallittu. Ihannepaino 3,01-4,00kg.

Koiramainen rotu, jolta löytyy vauhtia ja temperamenttia. Rotu vaatii energian vuoksi paljon liikkumatilaa. Se keksii mielellään itsekin tekemistä, jos sen virikkeistä ei pidä huolta. Rotu on älykäs, rohkea ja seurallinen. Aloittelijalle jänistä ei kuitenkaan suositella, sillä se on erittäin voimakas vaatien napakat ja oikeanlaiset otteet. Uroksia kehutaan monesti mainioiksi lemmikeiksi. Naaraat saattavat vartioida tiukasti reviiriään.

Ruotsinturkis

Ruotsinturkis on nimensä mukaisesti ruotsalainen rotu, joka on väriltään kiiltävän musta valkoisilla päistärkarvoilla. Ihannepaino 3,01-3,70kg.

Kuvat: Meri Nyman

Alaska

Alaska on vanha rotu, joka on kokonaan kiiltävän musta.
Ihannepaino on 3,01-3,70kg.

Bourgogne
Bourgogne on keltapunainen kanirotu. Ihannepaino 3,81-4,60kg.

Valkoinenmaatiainen
Valkoinenmaatiainen on tanskalainen rotu, joka on väriltään aina valkoinen punasilmäinen. Ihannepaino 3,81-4,60kg.

Japanilainen
Japanilainen on raidallisen kuvion omaava kanirotu. Kuvio voi olla väreissä keltamusta, sinikeltainen, musta-valkoinen, sinivalkoinen ja ruskeavalkoinen. Ihannepaino rodulle on 3,01-4,00kg.

Reininscheck
Reininscheck on saksalainen rotu, joka on perusväriltään aina valkoinen ja sen kuviointi on keltamusta tai sinikeltainen. Ihannepaino 3,01-4,00kg.

Pienisaksanscheck
Pienisaksanscheck on perusväriltään aina valkoinen. Kuvioinnin väri voi olla musta, sininen, ruskea, madagaskar ja isabella. Ihannepaino 3,01-4,00kg.

Isabella
Isabella on ruotsalainen kauniin kellanruskea rotu, jolla on sininen huntu. Ihannepaino 3,01-4,00kg.

Sallander
Sallander on hollantilainen rotu, joka on valkoinen kani nokisella hunnulla. Ihannepaino 3.01-4,00kg.

Thyringer

Thyringer on lämpimän punaruskea kani, jolla on musta huntu. Ihannepaino 3.01-4,00kg.

White

White on aina kaksivärinen. Kuvioinnin väri on aina valkoinen ja perusväri voi olla musta, sininen, ruskea, egern, sinisoopeli tai ruskeasoopeli. Ihannepaino 3,01-4,00kg.

Pienisaksanluppa

on roturyhmän ainoa luppakorvainen rotu. Pienisaksanluppa on hyväksytty kaikissa väreissä ja kuvioissa. Ihannepaino on 3,01-4,00kg.

SUURET RODUT

Kuva: Siiri Helin

Kuva: Maija Suni

Suurihopea

Suurihopea on upean värinen kani, missä valkoiset karvankärjet aikaansaavat ikään kuin hopeisen sävyn kanin turkkiin. Kanin perusvärinä voi olla musta, sininen, luonnonkeltainen, ruskea ja luonnonharmaa. Ihannepaino yli 4,61kg.

Kuvat: Siiri Helin

Englanninluppa

Englanninluppa on rotu, jolla on kaikista luppakorvaisista roduista pisimmät korvat. Mitä pidemmät korvat kanilla on sen parempi! Rodun ihannepaino on yli 4,01kg. Rotu on hyväksytty kaikissa standardin väreissä ja kuvioissa.

Enkku on luonteeltaan rauhallinen, rohkea ja hyvin lempeä. Se ei kuitenkaan ole ehkä parhain vaihtoehto ensimmäistä kania haluavalle kokonsa ja korvien hoidon vuoksi.

Kuva: Sanni Siren

Kalifornialainen

Kalifornialainen on venäläiskuvion omaava kanirotu. Ihannepaino yli 4,01kg.

Kuvat: Leni Sälö

New Zealand Red

New Zeland Red on USA:sta lähtöisin oleva ketunpunainen kanirotu. Ihannepaino yli 4,01kg.

Kuva: Sanni Siren

Suurisoopeli

Suurisoopeli on ihannepainoltaan yli 4,01kg oleva kanirotu. Suurisoopeli tunnetaan väreissä ruskea, sininen, ruskeasiam ja sinisiam.

Kuva: Anna Pärnänen

Wiener

Wiener on ihannepainoltaan yli 4,01kg painava muhkeamuotoinen kanirotu. Rotu on hyväksytty väreissä valkoinen ss., luonnonharmaa, luonnonsininen, tummanharmaa ja musta.

Wiener on ystävällinen, iloinen, aktiivinen mutta kuitenkin perusluonteeltaan rauhallinen. Mutkaton ja kiltti peruskani, jota hankkiessa on syytä perehtyä ison kanin vaatimuksiin ja käsittelyyn. Sopii ihmiselle, joka haluaa nimenomaan isokokoisen kanin, sillä ruoan menekki, jätösten määrä, irtokarvan runsaus karvanlähdön aikaan ja kanin voima ovat koon mukaiset.

Suurichinchilla
Suurichinchilla on ihannepainoltaan yli 4,61kg painava chinchillan värinen kanirotu.

Suuriegern
Suuriegern on harvinainen ja lähinnä Pohjoismaissa tunnettu rotu. Se on nimensä mukaisesti väriltään egern ja ihannepainoltaan yli 4,61kg painava kani.

Suurihavanna
Suurihavanna on lähinnä Pohjoismaissa tunnettu ruskean värinen rotu. Se on ihannepainoltaan yli 4,61kg painava kani.

Mecklenburginscheck
Mecklenburginscheck on ihannepainoltaan yli 4,61kg. Rotu on hyväksytty kuvioväreissä musta, sininen ja ketunpunainen. Kaninperusväri on valkoinen.

Sininenwiener
Sininenwiener on suuri tummansininen kanirotu. Ihannepaino yli 4,61kg.

Beveren
Beveren on kanirotu, jonka sallitut värit ovat vaaleansininen, musta ja valkoinen. Ihannepaino yli 4,01kg.

Hotot
Hotot on erikoisen värityksen omaava kani, joka on muuten kokonaan valkoinen, mutta sillä on mustat silmärenkaat. Ihannepaino on yli 4,01kg.

Meissnerinluppa

Meissnerinluppa on saksalainen upean värinen kani, missä valkoiset karvankärjet aikaansaavat ikään kuin hopeisen sävyn kanin turkkiin. Kanin perusvärinä voi olla musta, sininen, luonnonkeltainen, ruskea ja luonnonharmaa. Ihannepaino yli 4,01kg.

New Zealand White

Kaliforniasta peräisin oleva valkoinen punasilmäinen New Zeland White-rodun ihannepaino on yli 4,01kg.

Trönder

Tröner on Norjalainen kanirotu, joka tunnetaan lähinnä Pohjoismaissa. Väritys on musta valkoisilla päistärkarvoilla ja ihannepaino on yli 4,01kg.

JÄTTIRODUT

Belgianjätti

Belgianjätti on korkea, massiivinen, kaikista painavin kanirotu. Ihannepaino on yli 7,01kg. Myös korvien tulee olla yli 16cm pitkät. Värivaihtoehtoja on useita.

Jätti on mitä mainioin lemmikki ja kasvatettava, se on tavallisimmin lempeä ja sosiaalinen, joskin urokset voivat olla hyvin vilkkaita. Se vaatii tilaa, eikä näin ollen sovi häkkikaniksi. Jo kokonsa puolesta se ei sovi pienten lasten kaniksi, vaikka luonne onkin leppoisa

Ranskanluppa

Ranskanluppa on suurin luppakorvainen rotu. Sillä pitää olla tukeva, massiivinen, lyhyt runko ja hyvin riippuvat korvat. Ihannepaino yli 5,51kg. Värivaihtoehtoja on useita.

Ranskis on luonteeltaaan leppoisa, niin kuin lupat yleensä. Tämä rauhallinen jättiläinen ei turhia säntäile. Ranskanluppa on utelias, seurallinen ja sosiaalinen eläin. Voimakkaana ja suurena kanina ranskanluppa ei ole häkkikani ja onnellisimmillaan ranskanluppa on sohvalla sylipullana. Kokonsa vuoksi se ei ole ihan pienten lasten kani.

Kuva: Sanni Siren

Saksanjättischeck

Saksanjättischeck on suuri pohjaväriltään valkoinen rotu, jolla on erivärisistä juovista ja pilkuista koostuva tarkoin määritelty kuvio. Kuvion väri saa olla musta, sininen, ruskea tai madagaskar. Ihannepaino yli 6,01kg.

Saksanjättischeck kanit ovat kuin pieniä koiria, seurallisia ja rohkeita, kokoajan mukana mitä ikinä teetkin. Sopivat myös lapsiperheeseen. Eivät ole kuitenkaan sylikaneja, sylittelystä ne eivät yleisesti tykkää, tosin poikkeuksiakin löytyy.

POIKKEAVATURKKISET RODUT

Kuva: Maiju Suni

Angora

Angora on villantuottaja, jonka karvaa täytyy leikata säännöllisin väliajoin. Angoralla vaaditaan korvatupsut, otsa- ja poskitupsut. 90 päivän kasvun jälkeen villan tulee olla vähintään 7cm pitkää. Ihannepaino yli 3,51kg. Värivaihtoehtoja on useita. Kuviot hotot ja venäläinen ovat hyväksytyt.

Angora on mukavan leppoisa ja monesti hyvin ihmisrakas rotu. Siitä saa mukavan lemmikin ja vieläpä askartelu- tai käyttövillat kaupan päälle

Rex

Rex on kuin sametilla päällystetty kani. Sen turkki on todella lyhyt ja pehmeä. Ihannepaino yli 2,5kg. Väri- ja kuviovaihtoehtoja on useita.

Rexit ovat usein itsenäisiä, eivätkä ne mielellään viihdy sylissä. Ne ovat kuitenkin seurallisia, rohkeita ja uteliaita.

Kuva: Sanni Siren

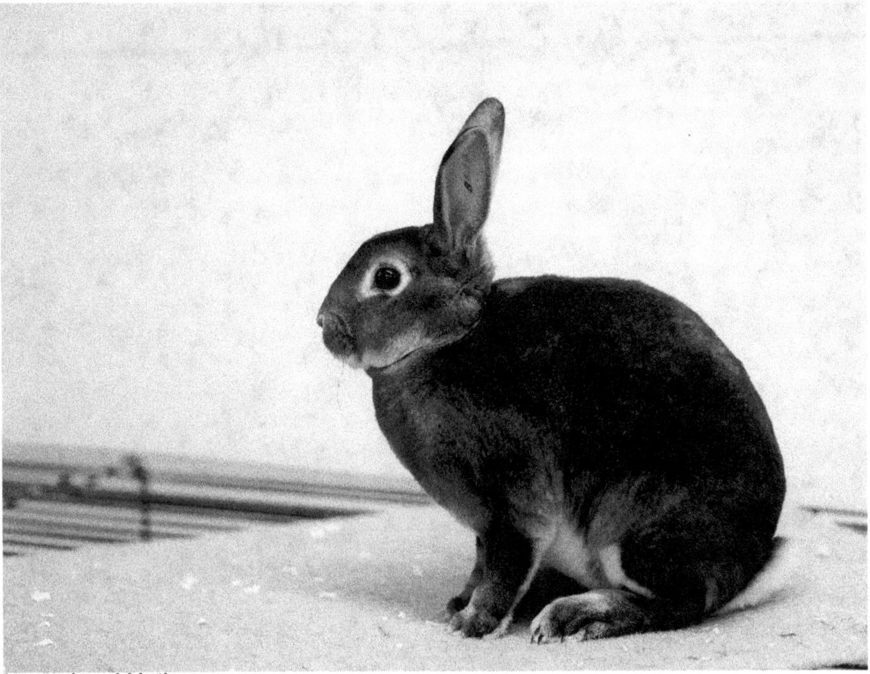

Kuvat: Jenni Untinen

Pienirex

Pienirex on pehmeän rex-turkkinen kanirotu. Ihannepaino 1,71-2,10kg. Rotu on hyväksytty monissa väreissä ja kuviossa.

Pienrexit ovat rohkeita ja uteliaita sekä seurallisia. Jos on varautunut vilkkaisiin kaneihin niin se voi sopia myös ensimmäiseksi kaniksi. Eivät ole mitää sylikaneja vaan energisia touhuajia, mutta voivat rauhoittua siliteltäväksi. Tarvitsee energian vuoksi tilaa.

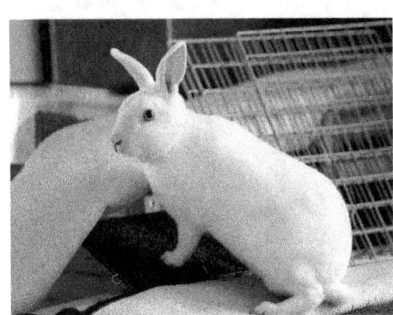

Kasmirluppa

Kasmirluppa on ihannepainoltaan 1,71-2,30kg. Rotu on hyväksytty kaikissa väreissä ja kuvioissa. Rotu on turkkityypiltään villiangora, jota ei tarvitse keriä.

Luonteeltaan hyvin luppamaisia ja mukavia lemmikkejä. Turkinhoito vaatii kuitenkin työtä, joten siihen täytyy perehtyä ja sitoutua.

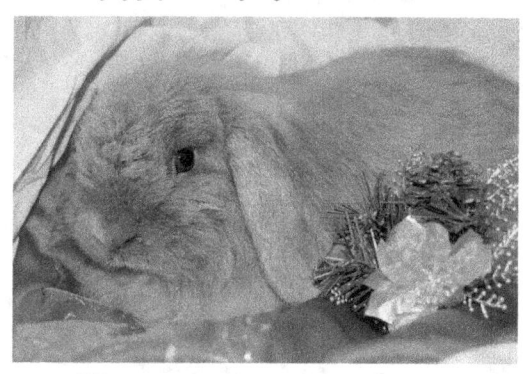

Kuva: Maiju Suni

Leijonaharjas

Leijonanharjas on pieni pystykorvainen kani, jolla on pään ympärillä 5-8cm:n pituinen harjas. Ihannepaino rodulle on 1,31-1,70kg. Värimahdollisuuksia on useita.

Leijonaharjakset ovat luonteeltaan hyvin rohkeita ja uteliaita. Liikunta kuuluu ehdottomiin suosikkeihin ja kanille onkin järjestettävä tarpeeksi liikkumismahdollisuuksia. Useimmat leijonanharjakset viihtyvät sylissä ja tykkäävät rapsuttelusta.

Kuva: Sanni Siren

93

Kuva: Jane Huhta

Leijonaluppa

Leijonaluppa on luppakorvainen kani, jolla on pään ympärillä 5-8cm:n pituinen harjas. Ihannepaino 1,41-1,90kg. Värimahdollisuuksia on useita.

Kuva: Manda Kosola

Jamora

Jamora on villakarvainen kani, jolla on normaalikarvaa päässä, korvissa ja jaloissa. Muutoin villan tulee olla 90 kasvupäivän jälkeen 5-6cm pitkää. Ihannepaino 1,91-2,4kg. Rotu on aina keltamusta japanilainen

Jamora on melko vaativa hoidoltaan ja sen turkinhoito vaatii tottuneita otteita. Tästä syystä se ei sovi lemmikiksi aivan pienelle lapselle.
Perusluonteeltaan jamorat ovat ehdottoman kilttejä, uteliaita ja miellyttämisenhaluisia. Jamora onkin luonteensa puolesta melko verrattavissa paremmin tunnettuun kääpiöluppaan, vaikka ehkä hieman energisempi. Upean perusluonteensa ansiosta jamora on helppo saada innostumaan estehypystä. Jamora onkin erittäin monipuolinen harrastus -ja lemmikkikani.

Satiiniangora

Kuva: Minni Laitinen

Satiiniangora on angorarotu USA:sta, jolla on karvassa upea satiinille tyypillinen kiilto. Karvanpaksuus on huomattavasti ohuempi kuin normaalilla angoralla lähes silkkinen. Ihannepaino on yli 3,51kg. Värivaihtoehtoja on useita ja kuvioista hyväksytyt ovat hotot ja venäläinen.

Satiiniangorat ovat luonteeltaan rauhallisia ja kärsivällisiä, sillä niiden täytyy jaksaa olla aloillaan aina villan kerinnän ajan. Ne ovat myös kovia ahmatteja! En ehkä suosittelisi lapsiperheeseen. Luonteensa puolesta kyllä, mutta hoidollisesti on niin vaativa ettei ehkä sovi.niinkuin angoraltakin satiiniangoralta täytyy leikata villa 3-4kuukauden välein. Villaa sekoitetaan lampaan villaan ja siitä tehdään lankaa. Satiiniangora myös vaatii angoran tavoin yli 12% rasvaa eli enemmän kuin normaali kani. Se ei myöskään saa olla kosteassa tai kuumassa (ihanne lämpötila olisi 15-18°C) ettei villan laatu kärsi.

Fuchs

Fuchs on villiangoran muoto, jonka karva on 5-6cm pitkää ja karkeaa eikä se vaadi leikkaamista. Ihannepaino yli 3,01kg. Väri- ja kuviovaihtoehtoja on useita.

Satiini

Satiini on kiiltävän silkkikarvainen rotu. Väreinä on hyväksytty kaikki standardin värit ja kuviot. Ihannepaino 3,01-3,7kg.

RISTEYTYSKANIT

Usein puhutaan kääpiökanista rotuna, näin ei kuitenkaan ole vaan kääpiökani on pienikokoinen risteytyskani. Se ei ole itsessäänrotu.

Risteytyskaneja on kaikennäköisiä, isoja, pieniä, karvaisia, pystykorvaisia, luppakorvaisia, ropellikorvaisia ja niin edelleen. Jo kahden puhdasrotuisen kanin poikaset ovat risteytyskaneja, jos niillä ei ole sukupapereita.

Kanien värejä ja kuvioita

Kanien värikirjo on todella suuri ja kaikkia värejä ei ole mahdollista luetella. Joitain värejä kuitenkin tässä voi esitellä.

Luonnon värejä ovat mm:
luonnonharmaa,
raudanharmaa,
tummanharmaa,
luonnonmusta,
luonnonkeltainen,
lutino,
luonnonruskea,
luonnonsininen,
lux,
chinchilla

perusvärejä on mm.:
musta,
sininen,
ruskea,
beige,
valkoinen
punaoranssi

Hunnullisia yksiväriset:
madagaskar,
isabella,
sallander

Kuvassa keltamusta japanilainen kääpiöscheck

Luonnonkeltainen kääpiölupan poikanen

madagaskar värinen
kääpiöluppa

madagaskar viittakuvio

isabellan värinen
kasmirluppa

sinisoopeli hermelini

sallander värinen ranskanluppa

sininen kääpiöluppa

raudanharmaa belgianjätti

chinchilla ranskanluppa

musta kääpiöluppa

luonnonharmaa kääpiöluppa

musta tan belgianjänis

Kuvioita väreissä voi olla myös useanlaisia, tässä joitain esimerkkejä:

Dalmatialainen,
Pilkkujen tulisi olla tasaisesti jakaantuneet

Viittakuvio,
Viitan tulisi olla tasainen sekä päässä ja tasainen mantteli selässä

Japanilainen,
Kirjava, jossa symmetrisyys ihanne jos toinen korva on eri värinen tulisi toisen olla toisen värinen.

Hollantilainen,
Säännöllisen värinen. Korvat ovat eriväriset kuin kuono ja kaula. Väri muuttuu keskeltä.

tan, white, otter,

venäläinen,
päänmaski tumma, samoin korvat, tassut ja häntä

soopeli ja siamsoopeli

hotot
Kuvio muodostuu renkaasta joka ympyröi silmiä

scheck eli perhoskuvio
Kuvio muodostuu nenän perhoskuviosta, silmärenkaista, poskipilkuista ja värillisistä korvista, sekä selkäjuovasta, jonka tulee yltää niskasta häntään. Kylkipilkut niiden laatu riippuu rodusta.

shceck eli perhoskuvio

viittakuviointi

venäläinen väritys

Kuvat ylhäällä: Sanni Siren

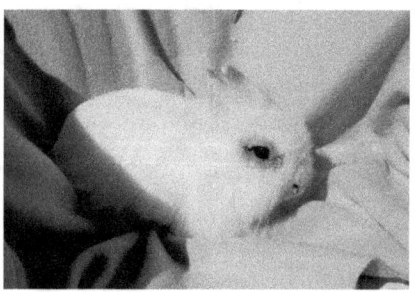

hotot kuvio

KANIEN JALOSTAMINEN JA KASVATTAMINEN

Tavoiteet

Jokaisella kaninkasvattajalla olisi syytä olla jonkinlaiset tavoitteet poikasten teolle. Ei riitä syyksi, että ne ovat söpöjä. Pääasiassa poikaset menevät puhtaasti lemmikkikaneiksi ja yksi tavoitteista tulisi olla hyvä luonne. Miksi käyttää jalostukseen vihaista tai arkaa kania, jos sen jälkeläisistä saattaa tulla samanlaisia. Kasvattajalla on vastuu tavoitella hyväluonteisia lemmikkejä. Kasvatuksessa tulee kiinnittää huomiota siihen, että minkälaisia kaneja haluaa saada aikaiseksi. Onko tavoite saada hienoja näyttelyeläimiä, vai kenties parhaita estehyppääjiä? Tavoitteena on kuitenkin kasvattaa kaneja joista tykkää.

Kasvattamisen aloittaminen

Mitä kasvattaminen vaatii? Aluksi voisin suositella käymään Suomen Kaniyhdistys ry:n kasvattajakurssin tai muiden yhdistysten kursseja kasvattamisesta. Niistä saa paljon kanitietoutta sekä asiaa kasvattamisesta. Valitettavasti tällä hetkellä kursseja järjestetään vielä melko vähän ja riippuen asuinkunnastasi melko kaukanakin. Kannattaa kiertää näyttelyissä katsomassa eri rotuja ja oman rotusi yksilöitä. Ota yhteyttä pitkänlinjan kasvattajiin ja kysy neuvoa. Jalostuskania etsiessäsi kerro kasvattajalle suunnitelmistasi. Perehdy huolellisesti kanien vaatimuksiin, hoitoon ja ruokintaan sekä seuraa oman rotusi kehitystä myös muilla kasvattajilla. Olisi siis hyvä olla perustiedot kaneista hallussa, kuten miten poikasia teetetään, milloin poikaset syntyvät ja millaisia ne ovat syntyessään, kuinka kaneja ruokitaan ja hoidetaan ja kuinka emäkania hoidetaan tiineyden ja poikasten aikaan. Kasvattamista suunnittelevan tulisi myös ottaa huomioon vaadittavat tilat ja häkkien koot. Täytyy uskaltaa ottaa myös yhteyttä kokeneempiin ihmisiin silloin kun ongelmia ilmestyy.

Epäonnea kasvattamisessa, toisinaan myös onnea ja iloa

Kanien kasvattamiseen voi kuulua myös suru ja epäonni. Vaikka aina väitetään että "lisääntyy kuin kanit" voi kaniemo jäädä astutuksesta huolimatta tyhjäksi. On ikävää jos olet ajanut pitkiäkin matkoja astuttaaksesi kanisi ja se jää tyhjäksi. Tai jos sinulla on pitkät varauslistat ja kanin odottajia ja joudut heille kertomaan, ettei poikasia tullut. Joskus emä voi stressaantua ja tappaa poikasensa. Koko poikue voi kuolla sairauden vuoksi, mutta onneksi myös sitä onnea ja iloakin voi kokea kanien kanssa. Kun saat kuulla kuinka paljon iloa kasvattamasi kani on tuonut perheeseen, että he hankkivat myös seuraavan lemmikkinsä myös sinulta tai jos kasvattisi pärjää näyttelyssä.

Kasvattajanimi

Kasvattajanimeä voi hakea useammalta eri yhdistykseltä. Kannattaa siis kysyä omalta järjestöltään heidän kasvattajanimi sääntöjään. Kasvattajanimihän on kanin nimen eteen liitetty nimi, josta voi päätellä kasvattajan jo nimen perusteella.

Jalostuskelpoinen kani

Millaisella kanilla siis voi ja kannattaa teettää poikasia? Jokaisella kasvattajalla tulisi olla lähtökohtaisesti jonkinlaiset tavoitteet poikuetta ajatellen ja ajatus mitä poikueelta toivoo. Näyttelyt ovat hyvä paikka verrata kaniasi rotumääritelmään. Kannattaa kuitenkin käyttää kania useammalla tuomarilla ja miettiä mitä virheitä kanistasi löytyy. Älä kertaa niitä sellaisella uroksella jolta löytyy samat virheet. Yleensä ottaen kun on kyse lemmikkikaneista, luonteen tulisi olla hyvä ja kanin tulisi olla käsiteltävissä. Täytyy myös muistaa, että jalostuskanin tulee olla hyväluonteinen ja terve. Tietenkin ulkonäkökriteerit tulevat näiden asioiden jälkeen. Kaikkien kanien ei tarvitse lisääntyä ja jalostuskaneilla olisi jokaisella hyvä olla jotain annettavaa rodulle. Sinun tulee myös itse nähdä kanissasi ne hyvät ja huonot puolet. Näyttelyissä tuomari arvostelee kanin oman näkemyksensä ja antaa pisteet sen päivän perusteella. Tuomareilla on eri näkemyksiä miltä heidän mielestään kanin tulee näyttää. Joten sinun tulisi kasvattajana tietää mitä haluat aikaiseksi ja etsiä kanit sen mukaan. Se on todella iso työ etsiä omaan kasvatukseen sopivat yksilöt!

Viennit ja tuonnit

Tänä päivänä myös kanit kulkevat rajojen ulkopuolella sekä näyttelyissä, että menevät rajojen ulkopuolelle myyntiin. Kanien tuonti on helpompaa kuin esimerkiksi koirien ja matkoilta on helppo tuoda uutta verta Suomen kantaa vahvistamaan. Useimmiten kania tuodaan ja viedään muihin pohjoismaihin. Jos tuontikani kiinnostaa on hyvä olla yhteydessä henkilöihin, jotka ovat kaneja tuoneet ennenkin ja kysyä heiltä lisää neuvoa. Internetin aikaan on helppo etsiä ulkomaalaisten kasvattajien sivuilta myytäviä yksilöitä ja olla yhteydessä heihin esimerkiksi sähköpostitse. Kannattaa muistaa varsinkin ulkomailta tuodun kanin, mutta myös muualta ostetun kanin pitäminen karanteenissa. Aina ei voi tietää millaista bakteerikantaa kani kantaa mukanaan ja on ikävää jos uusi kani sairastuttaa koko kanilasi. Muista myös tarkistaa kanien tuonti- ja vientiehdot Ruokavirastosta (entinen Evira)

Uroksen etsintä

Useimmiten kasvattajat käyttävät ainoastaan omia uroksia tai hankkivat uroksia omaan jalostuskäyttöön. Usein suuret kasvattajat asuvatkin maatiloilla joissa pystyy helpommin pitämään suurempia määriä kaneja. Ellei sinulla kuitenkaan ole itselläsi sopivaa urosta kannattaa ottaa yhteyttä muihin kasvattajiin joilla saattaisi olla sopivia uroksia. Pyydä kuvia ja pyydä kertomaan luonteesta ja jos uros on käynyt näyttelyissä pyydä kertomaan näyttelyarvosteluista.

Urosta etsiessä pidä mielessäsi ominaisuudet joita uroksesta haet ja omien naaraidesi virheet. Esimerkiksi jos naaraallasi ei ole oikeanlainen pää niin älä astuta sitä samanlaisen virheen omaavalla uroksella vaan hae lähemmäksi oikean tyyppistä päätä.

Kanin kiima-aika ja astutus

Kanilla ei varsinaisesti ole kiima-aikaa vaan se suostuu astumiseen lähes koska vain. Naaras kani suostuu astuttavaksi jo 3,5 kk iässä ja se pystyy tulemaan kantavaksi jo 4-4,5 kk iässä, mutta tässä iässä kani ei ole vielä tarpeeksi kypsä emäksi. Iät voivat kuitenkin vaihdella eri rotujen välillä. Tämä ikä kannattaa ottaa huomioon myös siinä tapauksessa, ettei poikasia halua teettää, sillä vahinkoja käy turhan paljon. Tämän ikäiset kanit ovat vielä aivan liian nuoria kantamaan ja hoitamaan poikasia. Ensimmäinen poikue olisi hyvä suunnitella kun kani on 7-12kk korkeintaan 1,5–vuotias. Urosta valitessa huomioi, että kanit ovat melkein samankokoiset mieluummin vaikka niin, että uros on pienempi. Tällä ehkäistään osaksi liian suuret poikaset, jotka saattavat aiheuttaa synnytysongelmia.

Kun olet päättänyt astuttaa kanisi niin naaras viedään aina uroksen luokse, ei koskaan toisin päin. Monesti kasvattajat astuttavat naaraitaan myös näyttelyissä, jolloin voi käyttää myös kauempana olevia uroksia ilman erillistä ajoa. Riippuen jälleen yksilöistä voi astutus kestää, sillä joskus naaras ei ole niin kiinnostunut uroksesta, joka joutuu pyörimään naaran ympärillä pidempäänkin houkutellessaan naarasta. Yleensä kuitenkin kaikki pitäisi olla 15 minuutissa ohitse, tällöin naaraan kierto on ollut kohdillaan. Itse astuminen ei vie kauaa aikaa. Astutus on onnistunut kun uros nyppäisee karvaa naaraan selästä (tämä aiheuttaa munasolun irtoamisen), pyllähtää naaraan selästä taaksepäin tai sivulle ja äännähtää. Uros myös polkee jalkaa onnistuneen astumisen jälkeen. Kannattaa odottaa vielä hetki sillä naaraan vieressä lepäilyn jälkeen uros yleensä astuu naaraan uudelleen. Kahden astumisen jälkeen naaraan voi viedä omaan häkkiinsä odottamaan poikasia. Jotkut kasvattajat varmistavat astutuksen seuraavana päivänä uroksen luona.

Tiineys ja synnytys

Kanin tiineydestä ei ulospäin yleensä pysty sanomaan mitään. Luonne saattaa hieman muuttua, mutta mitään varmuutta sekään ei tiineydelle anna. Kania kuitenkin kannattaa aina kohdella niin kuin se olisi tiine. Näin ollen stressiä tulisi välttää, kania ei enää kannata muuttaa uuteen häkkiin ja nostelemista tulisi välttää. Kanit kantavat 28–32 vuorokautta ja tiineyden puolenvälin jälkeen häkkiin tulisi lisätä pesätarvikkeiksi heinää, sekä pesälaatikko. Pesälaatikkoa kani ei välttämättä käytä, ja se saattaakin tehdä pesän itse johonkin häkin nurkkaan. Paras pesälaatikko on sellainen, jonka katon saa auki, sieltä poikaset on helppo tarkastaa. Myös ruokintaa voi lisätä loppu tiineydestä, mutta muuten kani elää ihan normaalia elämää. Karvojen nyppiminen on hyvin yksilöllistä, toiset nyppivät jo päiviä ennen synnytystä, kun toiset vasta jopa 15 minuuttia ennen synnytystä. Yleensä kanit synnyttävät öisin, sillä silloin on aina rauhallisinta. Hyvin harvoin kasvattaja pääsee näkemään poikasten syntymää. Kani saattaa jopa siirtää synnytystään vuorokaudella jos sitä häiritään. Ajankohdasta olisi kuitenkin kasvattajan hyvä pitää kirjaa, sillä jos synnytyksessä sattuu jotain, voi emä vaikka kuolla synnytykseen.

Epäonnea synnytyksessä

Aina kaneillakaan synnytys ei mene niin kuin pitäisi ja ongelmia syntyy. Kannattaa miettiä aina varmuuden vuoksi paikallisen eläinlääkärin numero, jos sitä sattuu tarvitsemaan. Joskus poikasia voi jäädä esimerkiksi synnytyskanavaan kiinni, tällöin on suuri riski menettää sekä emo ja poikaset. Useimmiten epäonnea on kun poikaset menehtyvät syystä tai toisesta, joko synnytykseen tai melko heti synnytyksen jälkeen. Voi olla että emä ei osaa poikasiaan hoitaa ja poikaset menehtyvät. Tällöin emää ei kannata astuttaa enää uudelleen.

Poikue

Kanin poikaset syntyvät avuttomina, karvattomina ja silmät kiinni toisin kuin jäniksen poikaset, jotka syntyvät karvallisina ja valmiina juoksemaan pakoon. Synnytyksen jälkeen monilla kasvattajilla on erilaiset tavat toimia pesän tarkastusten ja poikasten käsittelyn kanssa. Synnytyksen jälkeen kannattaa kuitenkin pesä yleensä tarkastaa, jotta kuolleet poikaset saadaan poistetuksi mahdollisimman nopeasti. Tästä eteenpäin emän stressiä tulisi edelleen välttää ja pesä on hyvä jättää rauhaan. Vaikka et itse näkisikään emän imettävän poikasia, huoleen ei ole aihetta. Yleensä emä imettää poikaset vain pari kertaa vuorokaudessa ja senkin kaikkein rauhallisimpina hetkinä kuten öisin. 1 vuorokauden ikäisille poikasille alkaa kasvaa karva ja siitä muutaman päivän jälkeen värejä voi jo hieman arvailla. Monet kasvattajat aloittavat poikasten käsittelyn parin viikon iässä, toiset taas odottavat kun poikaset tulevat pois pesästään. Pesästä poistuminen on yksilöllistä ja usein

114

siihen myös vaikuttaa onko emä tehnyt pesänsä sille tarkoitettuun pesälaatikkoon vai ihan häkin nurkkaan. Monesti pesästä poistuminen tapahtuu noin 3 viikon iässä, tällöin poikaset aloittavat jo kiinteän ruoan maistelun. Emällä ja poikasilla tulee olla kokoajan tarjolla vettä ja heinää. 6 viikon iässä poikaset voidaan vierottaa emästä sisarustensa kanssa omaan häkkiin, jolloin ne oppivat olemaan erossa emästään ja itsenäistymään. Sukupuolet kokenut kasvattaja pystyy erottamaan jo melko varhain, mutta varmimmin niitä kannattaa aloittaa katselemaan 6 viikon iässä. Vasemman korvan tatuointi voidaan laittaa poikasille siinä vaiheessa kun korvat ovat kasvaneet tarpeeksi. Virallisilla kasvattajilla tulee lisäksi oikeaan korvaan kasvattajanumero, joka lisää kanin tunnistettavuutta esimerkiksi eläinsuojelu tapauksissa tai kanin karatessa. Uros ja naaras poikaset ovat hyvä erottaa viimeistään 10–12-viikkoisina toisistaan vahinko poikueiden välttämiseksi.

Poikasten kehitys
- Karva alkaa kasvaa heti syntymästä
- 3 vrk värit alkavat erottua
- 10–12 vrk silmät avautuvat
- 3 vko poikaset tulevat pesästä
- 4 vko poikaset syövät jo normaalisti
- 5 vko emä lopettaa imettämisen
- 6 vko poikaset voidaan vierottaa, sukupuolet alkavat kunnolla erottua
- 7 vko korvista riippuen voidaan tatuoida (joskus jo aiemmin)
- 8 vko luovutusikä
- 12 vko uros voi jo astua naaraan

Poikaset on hyvä totuttaa uusiin asioihin ennen kuin ne myydään uusiin koteihin. On iso asia käsitellä poikasia päivittäin, jotta niistä tulisi useimmiten pienille lapsille mitä parhaita lemmikkejä.Arka käsittelyyn

Kuva: Sanni Siren

tottumaton kani kun useimmiten jää vaille sitä tarvitsevaa huomiota uudessa kodissaan. Näin ollen kasvattajalla on suuri vastuu poikasten opettelusta. Käsittele siis poikasia paljon, opeta ne kynsien leikkuuseen ja kunnon tarkastamiseen. Opeta poikaset myös selällään oloon, jolloin kynsien leikkuu onnistuu parhaiten. Ja varsinkin turkkiroduille opeta turkin hoitoa.

Tatuointi

Pohjoismaissa on nykyään vasenkorvastandardi, eli poikueet tulee tatuoida ainakin vasemman korvan osalta.
Jokainen kasvattaja saa itse keksiä poikasille omat korvamerkinnät siihen. Yleensä korva merkintä on 3-4 numeroa. Mistä vasemman korvan numero esimerkiksi voisi syntyä?

Usein käytetään vuosilukua, kasvattajan poikuemäärää sekä poikasen oma lukua. Eli vuosi 2019 voi aintaa numeron 9, jos poikuen on kasvattajan ensimmäinen antaa luvun 1 ja poikueen ensimmäinen poikanen luvun 1. Näin ollen korvaan voidaan tatuoida 911. Oikeaan korvaan tatuoidaan kasvattajan oma numero jonka saa kun on käynyt kasvattajakurssin ja anonut kasvattajanimeä.

Jos itsellä ei ole tatuointipihtejä niin kannattaa kysellä lähellä olevilta kaninkasvattajilta tatuoisivatko he korvat pieneen hintaan. Aina kuitenkin merkataan tatuointi numero kanin sukupapereihin. Tatuoinnin laitto maksaa yleensä 2€ / korva.

Poikasten uudet kodit

Mistä hyvät uudet kodit löytyvät?

Monilla kasvattajilla on omat kotisivut, joista poikasista voi ilmoitella. Nykyään suurin osa varmaan käyttää Internetiä ja niiden myyntipalstoja hyväkseen myydessään kaneja. Kannattaa kuitenkin aina katsoa kenelle kanin myy. Alle 18-vuotiaalta olisi hyvä pyytää vanhempien lupa lemmikkiin, sillä usein kani saattaa joutua kiertoon, jos lupaa ei vanhemmilta olekaan. Kauppojen seinille voi ilmoituksia laittaa, mutta kasvattajan tulee aina varautua myös siihen ettei kaikki poikaset menekään kaupaksi. Onko sinulla tilaa pitää poikasia tai saatko poikaset lopetettua asianmukaisesti. Hyvä kasvattaja neuvoo uusia kanin omistajia ja antaa heille mahdollisesti kirjalliset hoito-ohjeet ja ehkäpä myös sitä tuttua ruokaa pienen pussillisen. Myyntipaperit kannattaa tehdä kirjallisesti

Kuva: Maija Suni

tällöin sinulle jää varmasti ostajan yhteystiedot, jos joskus niitä satut tarvitsemaan.

Poikuepäiväkirja

Hyvä olisi pitää itsellään jonkinlaista kirjanpitoa poikueista ja poikasista. Yksin kertaisinta on kirjoittaa yhdistelmän vanhempien tiedot, poikasten syntymäaika, lukumäärä, sukupuolet ja värit sekä kirjoittaa poikasten tiedot (nimi, sukupuoli, väri ja numerot, sekä omistajat). Tämän lisäksi kasvattaja voisi kirjoittaa poikuepäiväkirjaa, josta näkyy poikueen tavoitteet ja niiden toteutuminen. Ongelmat jos niitä on ollut ja ehkäpä poikueiden kehitys. Näin voit vertailla jatkossa muita poikueita edellisiin ja ehkä löydät ratkaisuja ongelmiisi. Tai ehkä niistä on myöhemmin hyötyä muuten vain. Suomen Kaniyhdistys ry:n sivuilta löytää valmiin poikuekirjanpitokaavakkeen ja lemmikkikanin sukutaulun. Jos olet jäsen, saat myös virallisen rekisteritodistuksen poikasillesi.

Kasvattajan tuki

Kasvattajan tuki voi olla tarpeen myös myöhemmin uudelle kanin omistajalle. Ongelmia voi tulla esimerkiksi turkin, sisäsiisteyden tai muun sellaisen suhteen. Monesti kasvattaja voivat joutua neuvomaan myös sairauksien osalta, sillä joskus eläinlääkäritkään eivät ole perehtyneet tarpeeksi kaneihin. On hyvä pitää yhteyttä uusiin omistajiin ja neuvoa heitä, jos he vain neuvoa kaipaavat. Ehkäpä heistä tulee innokkaita kaniharrastajia, jotka tulevaisuudessakin hankkivat sinulta kanin. Monesti kanin hankkijat eivät tiedä kanin kanssa harrastamisesta mitään ja kasvattaja voi kertoa heille harrastusmahdollisuuksista. Usein kasvattaja joutuu neuvomaan myös tarvikehankintojen suhteen ja ehkä kertomaan myös lomahoidoista. Kannattaa myös miettiä kuinka toimia jos uusi koti ei pystykään enää lemmikkiään pitämään. Auttaako kasvattaja löytämään uuden kodin vai onko hänen mahdollista ottaa kasvattinsa takaisin.

Yhteisomistus sekä sijoitussopimukset

Myös kaneilla käytetään jonkin verran kanien sijoittamista sekä yhteisomistusta. Varsinkin jos on kyse pienestä kasvattajasta, jolla tilat on rajalliset. Uuden jalostusmateriaalin sijoittaminen lähelle on siis hyvä keino jatkaa kasvattamista. Yleensä yhteisomistussopimukset käsittävät uroksia, joista on hyötyä usealle kasvattajalle. (esimerkiksi ulkomaan tuonnit) Monet kasvattajat kuitenkin sijoittavat kaneja jo valmiiksi tutuille ihmisille. Aina kannattaa kuitenkin tehdä erilliset sijoitussopimukset kahtena kappaleena, johon listataan kaikki asiat valmiiksi. Tällöin ristiriita tilanteet minimoidaan.

Yhteenveto kasvattamisesta

Kasvattajaksi haaveilevan kannattaa siis miettiä heti alusta asti miksi kasvattaa, onko tarpeeksi tietoa ja riittääkö aika poikasten käsittelyyn ja sosiaalistamiseen. Mieti mitä teet poikasille jos ne eivät mene kaupaksi? Mitä poikueelta odotat ja miten toivot tavoitteeseesi pääsevän? Onko omasta kanistasi jalostukseen vai hankitko jalostuskaneja ihan varta vasten. Jos löydät kaikkiin kysymyksiin vastauksen voi olla, että olet valmis kokeilemaan kasvattamista!

Lähteet

Pohjoismainen Kanistandardi
Suomen Kaniyhdistys ry
Suomen Kaniininkasvattajat ry
Suomen Lemmikkikanit ry
Suomen Estekanit ry
Suomen Kanihyppääjät ry

Kiitokset

* Emmi Sirainen
* Sanna Kulmala
* Marja Leinonen
* Minttu Pajunen
* Päivi Huotari
* Anne Palomäki
* Elli Mäkinen
* Siiri Helin
* Anna Pärnänen
* Janita Jasmavaara
* Siiri Helin
* Jemina Kujala
* Kiitos kaikki kasvattajat ja kanien omistajat, jotka vastailitte kysymyksiini

Erityiskiitokset Sanni Siren, joka oikoluki tekstini ja oli erittäin suurena apuna kuvien kanssa! Lisäksi suuri kiitos Maija Suni kuvien ja tekstien kanssa.

Haluan kiittää myös Anne Lipposta joka jaksaa auttaa teknisten ja kielellisten asioiden kanssa.Kiitos myös tyttäreni Inka joka jakaa tämän kanimaailman kanssani ja jaksaa olla mukana kaikessa.

Kuvat

* Sanni Siren
* Maija Suni
* Aarnevi Kittamaa
* Henna Pietarinen
* Jane Huhta
* Jasmina Halonen
* Jenni Lehto
* Jenni Untinen
* Leni Sälö
* Meri Nyman
* Minni Laitinen
* Siiri Helin
* Anna Pärnänen
* Emmi Sirainen
* Henna Vihersaari
* Tiia Eskelinen
* Manda Kosola

Jos ei muuta mainita niin kuvat ovat minun ottamiani.

www.ingramcontent.com/pod-product-compliance
Lightning Source LLC
Chambersburg PA
CBHW052324220526
45472CB00001B/259